《中国国家创新生态系统与创新战略研究》丛书编委会

顾　问　郭传杰

主　编　汤书昆

副主编　徐雁龙

编　委（以姓氏笔画为序）

王　娟　朱　赟　李建刚　范　琼

郑　斌　秦　庆　袁　亮　程　曦

"十四五"国家重点出版物出版规划项目

中国国家创新生态系统与创新战略研究(第二辑)

中国石墨烯创新生态系统的构建与实践

程曦 著

Construction

and Practice of

Graphene

Innovation

Ecosystem

in China

中国科学技术大学出版社

内 容 简 介

本书系统阐述并证明了中国石墨烯产业创新进程中存在的同步创新模式。根据石墨烯产业类型以及数据可表征程度将其产业创新过程划分成科学研究、技术应用和市场化三个阶段，采集了不同阶段可被测量的表征物——发表论文、申请专利以及经营企业的数据，分析中国石墨烯产业创新中同步创新模式形成的内部原因和外部原因。以此为理论基础，为如何实现石墨烯产业创新过程的三个阶段处于同步创新模式提出构想。

图书在版编目(CIP)数据

中国石墨烯创新生态系统的构建与实践/程曦著. --合肥:中国科学技术大学出版社,2024.3

(中国国家创新生态系统与创新战略研究. 第二辑)
国家出版基金项目
"十四五"国家重点出版物出版规划项目
ISBN 978-7-312-05922-3

Ⅰ. 中… Ⅱ. 程… Ⅲ. ①石墨—纳米材料—技术发展—研究—中国 ②石墨—纳米材料—高技术产业—研究—中国 Ⅳ. ①TB383 ②F426.75

中国国家版本馆 CIP 数据核字(2024)第 082481 号

中国石墨烯创新生态系统的构建与实践
ZHONGGUO SHIMOXI CHUANGXIN SHENGTAI XITONG DE GOUJIAN YU SHIJIAN

出版	中国科学技术大学出版社 安徽省合肥市金寨路 96 号,230026 http://press.ustc.edu.cn https://zgkxjsdxcbs.tmall.com
印刷	合肥华苑印刷包装有限公司
发行	中国科学技术大学出版社
开本	710 mm×1000 mm 1/16
印张	13.75
字数	210 千
版次	2024 年 3 月第 1 版
印次	2024 年 3 月第 1 次印刷
定价	68.00 元

总 序

PREFACE

21世纪初,移动网络技术与人工智能技术的迭代式发展,引发了多领域创新要素全球性、大尺度的涌现和流动,在知识创新、技术突破与社会形态跃迁深度融合的情境下,创新生态系统作为创新型社会的一种新理论应运而生。

创新生态系统理论从自然生态系统的原理来认识和解析创新,把创新看作一个由创新主体、创新供给、创新机制与创新文化等嵌入式要素协同构成的开放演化系统。这一理论认为,创新主体的多样性、开放性和协同性是生态系统保持旺盛生命力的基础,是创新持续迸发的基本前提。多样性创新主体之间的竞争与合作,为创新系统的发展提供了演化的动力,使系统接近或达到最优目标;开放性的创新文化与制度环境,通过与外界进行信息和物质的交换,实现系统的均衡与可持续发展。这一理论由重点关注创新要素构成的传统创新理论,向关注创新要素之间、系统与环境之间的协同演进转变,体现了对创新活动规律认识的进一步深化,为解析不同国家和地区创新战略及政策的制定提供了全新的角度。

进入21世纪以来,以欧美国家为代表的国际创新型国家,为持续保持国家创新竞争力,在创新理念与创新模式上引领未来的战略话语权,系统性地加强了创新理论及前瞻实践的研究,并在国家与全球竞争层面推出了系列创新战略报告。例如,2004年,美国国家竞争力委员会推出《创新美国》战略报告;2012年,美国商务部发布《美国竞争和创新能力》报告;2020年,欧盟连续发布了《以知识为基础经济中的创新政策》和《以知识为基础经济中的创新》两篇报告;2021年,美国国会参议院通过《美国创新与竞争法案》。

当前,我国已提出到2030年跻身创新型国家前列,2050年建成世界科技创新强国的明确目标。但近期的国际竞争使得逆全球化趋势日趋凸显,这带来了中国社会创新发展在全球战略新格局中的独立思考,并使得适时提炼中国在创新型国家建设进程中的模式设计与制度经验成为非常有意义的工作。研究团队基于自然与社会生态系统可持续演化的理论范式,通过观照当代中国的系统探索,解析丰富多元创新领域和行业的精彩实践,期望形成一系列、具有中国特色的创新生态系统的理论成果,来助推传统创新模式在中国式现代化道路进入新时期的重大转型。

本丛书从建设创新型国家的高度立论,在国际比较视野中阐述具有中国特色的创新生态系统构成体系,围绕国家科学文化与科学传播社会化协同、关键前沿科学领域创新生态构建、重要战略领域产业化与工程化布局三个垂直创新领域,展开对中国创新生态系统构建路径的实证研究。作为提炼和刻画中国国家创新前沿理论应用的专项研究,丛书对于拓展正在进程中的创新生态系统理论的中国实践方案、推进中国国家创新能力高水平建设具有重要参考价值。

2018年,以中国科学技术大学研究人员为主要成员的研究团队完成并出版了国家出版基金资助的该项目的第一辑,团队在此基础上深入研究,持续优化,完成了国家出版基金资助的该项目的第二辑,于2024年陆续出版。

在持续探索的基础上,研究团队希望能越来越清晰地总结出立足人类命运共同体格局的中国国家创新生态系统构建模式,并对一定时期国家创新战略构建的认知提供更扎实的理论基础与分析逻辑。

本人长期关注创新生态系统建设相关工作,2011年曾提出中国科学院要构筑人才"宜居"型创新生态系统。值此丛书出版之际,谨以此文表示祝贺并以为序。

中国科学院院士,中国科学院原院长

目 录

CONTENTS

总序 ·· (ⅰ)

绪论 ·· (1)

第 1 章
同步创新模式构建的时代背景和研究概览 ································ (4)

1.1 前沿科技领域产业创新的同步创新模式构建的时代背景 ············ (4)
1.2 同步创新模式构建的研究意义 ·· (7)
1.3 同步创新模式构建的研究方法 ·· (8)
   1.3.1 文献计量学 ·· (8)
   1.3.2 文件分析法 ·· (8)
   1.3.3 案例研究法 ·· (8)
   1.3.4 深度访谈法 ·· (9)

1.4 值得注意的重点 ………………………………………………（9）

1.5 主要研究内容提要 ……………………………………………（12）

第 2 章
同步创新模式研究与实践的历史回顾 ………………………（16）

2.1 同步创新模式研究的发展 ……………………………………（16）

2.2 产业分类的研究梳理 …………………………………………（23）

2.3 石墨烯的产业特征研究分析 …………………………………（27）

    2.3.1 以科学为基础的产业特征 ……………………………（29）

    2.3.2 专业供应商的产业特征 ………………………………（33）

2.4 公共政策工具及其不同层面的分类 …………………………（35）

第 3 章
同步创新模式在中国石墨烯产业创新中的应用 ……………（43）

3.1 石墨烯创新阶段的划分 ………………………………………（43）

3.2 石墨烯产业发展周期 …………………………………………（46）

3.3 石墨烯产业创新中同步创新模式的研究方法 ………………（49）

    3.3.1 时间点的确定 …………………………………………（49）

    3.3.2 文献计量学 ……………………………………………（51）

    3.3.3 基于 Loglet Lab 4 软件的分析 ………………………（53）

3.4 同步创新模式在石墨烯产业中的应用表现 …………………（54）

3.5 中国石墨烯产业化的三个阶段 ·· (55)
   3.5.1 中国石墨烯产业化的初期 ·· (58)
   3.5.2 中国石墨烯产业化的第一周期 ·· (60)
   3.5.3 中国石墨烯产业化的第二周期 ·· (62)

3.6 中国石墨烯产业创新进程中的同步创新模式 ··· (63)

第 4 章
同步创新模式形成的内部原因 ·· (65)

4.1 技术范式与技术制度 ··· (66)

4.2 科学研究与技术应用处于同步创新模式的原因 ····································· (67)
   4.2.1 巴斯德象限 ··· (67)
   4.2.2 石墨烯科学研究经历了从玻尔象限至巴斯德象限的转化 ··················· (70)
   4.2.3 专属供应商和以科学为基础的产业制度重视专利申请 ····················· (76)

4.3 技术应用与市场化阶段处于同步创新模式的原因 ··································· (78)
   4.3.1 以科学为基础的产业制度重视内部研发 ································· (78)
   4.3.2 以科学为基础的产业和专属供应商产业制度以用户为重要机会来源 ······ (79)

4.4 基于巴斯德象限讨论如何扩展同步创新模式所适用的创新阶段 ······· (80)

第 5 章
同步创新模式形成的外部原因 ·· (85)

5.1 中国石墨烯专项或相关政策分析的研究设计 ······································· (85)
   5.1.1 公共政策工具的选择 ··· (85)

5.1.2 政策研究方法的选择 ···（86）

5.2 **同步创新模式在中国石墨烯政策中的表现** ·······························（88）
　　5.2.1 促进不同创新阶段协同发展 ··（88）
　　5.2.2 促进市场化阶段与其他阶段同步创新 ····························（92）
　　5.2.3 促进产业链上下游协同发展 ··（94）

5.3 **促进和维护同步创新模式的代表性政策工具** ·····························（96）
　　5.3.1 同步发展支撑型和服务型产业生产内容 ·························（96）
　　5.3.2 同步发展技术双向扩散 ··（98）
　　5.3.3 设立应用专项补贴或资金 ···（101）
　　5.3.4 推广产业化示范应用工作 ···（106）
　　5.3.5 成立技术转化或孵化平台 ···（109）
　　5.3.6 举办大型交流活动 ··（113）
　　5.3.7 案例分析 ··（116）

5.4 **公共创新工具对同步创新模式的影响** ·····································（130）
　　5.4.1 重视构建需求面和环境面政策工具 ·······························（130）
　　5.4.2 缩短生产方和应用方进入市场时间差 ····························（133）
　　5.4.3 延长生产方和应用方在市场中存在时间 ·························（134）

5.5 **用户参与创新对同步创新模式的影响** ·····································（136）
　　5.5.1 用户参与创新模式的构建 ···（136）
　　5.5.2 用户参与创新促进同步创新模式形成 ····························（140）

第6章
结论与展望 ………………………………………………… (144)

6.1 石墨烯语境下形成同步创新模式所需条件 ……………… (145)
6.1.1 基础条件 ………………………………………………… (146)
6.1.2 基于内部原因的技术条件 ……………………………… (148)
6.1.3 基于外部原因的管理支撑条件 ………………………… (151)
6.1.4 石墨烯语境下形成同步创新模式的条件总结 ………… (153)

6.2 中国石墨烯产业推行同步创新模式的困境 ……………… (154)
6.2.1 产业发展早期退出市场的企业数量逐年递增 ………… (154)
6.2.2 用户参与创新对产业化发展作用有限 ………………… (157)
6.2.3 忽视终端产品生产商参与的市场化阶段 ……………… (159)

6.3 石墨烯产业推行同步创新模式的措施建议 ……………… (161)
6.3.1 细化风险承担标准 ……………………………………… (161)
6.3.2 制定公共政策工具 ……………………………………… (163)
6.3.3 推行尝试性管理方式 …………………………………… (165)
6.3.4 扩展科学研究成果转化方式 …………………………… (169)

6.4 石墨烯产业推行同步创新模式研究的不足与展望 ……… (172)

附录 A
中国石墨烯相关论文发表、专利申请和企业经营情况 ………… (174)

附录 B
中国石墨烯相关政策发布情况 ……………………………（176）

附录 C
中国石墨烯专项政策统计 ……………………………………（177）

参考文献 ……………………………………………………………（182）

后记 …………………………………………………………………（204）

绪　论

传统国家创新体系的评价强调创新知识的获取、创新技术的提升和对经济增长的贡献度情况等硬性指标,却相对忽视了对创新环境的适宜性、新进入创新者的生长性、中小参与者创新路径的通达性以及创新体系的可持续性等软性指标的考量(李昂,2016)。本书基于前人的研究,从创新生态、创新路径、创新文化三个层面,搭建创新模式的研究框架。以下将对相关概念做基本介绍,以便读者快速了解相关知识。

创新生态是生态学与创新研究结合的产物,创新生态系统的起源可追溯至 Moore(1993)提出的商业生态系统思维,他将生态系统引入管理领域,认为商业生态系统应逐渐由随机的元素集合转化为具有结构性的群落。在此之后,关于创新生态系统的概念和理论不断被提出。2004 年,美国总统科技顾问委员会(PCAST)指出,国家经济领先地位取决于其精心营造的创新生态系统(PCAST,2004),这被视为创新生态系统理论的正式问世。后来,Adner(2006)指出,由商业生态系统向创新生态系统的转变代表着由价值捕获向价值创造的转变,自此创新生态系统理论开始真正普及。

目前,学界对于创新生态系统的概念界定尚未统一。Carayannis 和 Campbell(2009)将创新生态系统定义为一个多模式、多层次、多主体和多节点的集合;Nambisan 和 Baron(2013)认为,创新生态系统是由公司和其他实体组成的网络,该系统围绕共享的技术,竞合开发新的产品与服务;Gomes 等(2018)认为,创新生态系统是由相互联系和依存的参与者组成的网络,成员间既存在合作,也存在竞争。总之,创新生态系统以价值共创为导向,通过产学研用各主体之间的互利合作,在创新环境深度融合的基础上提供满足社会需求的方案,是一种共生竞合、协同演化的复杂社会系统(陈健 等,2016)。

创新生态系统主要由创新主体和外部环境两部分组成。创新主体可分为直接主体和间接主体。直接主体主要是创新企业,间接主体包括融资机构、大学及科研机构等。外部环境包括政策法规、自然环境、市场环境等。创新生态系统是创新结构与生态理论结合的产物,它的概念在实践中不断发展变化(Song,2016)。

根据创新生态系统的定义,可得出其背后的逻辑关系为创新主体集合形成创新种群、创新种群共生形成创新群落、创新群落与创新环境相互作用形成动态平衡(田学斌 等,2017)。张辉和马宗国(2020)基于研究联合体视角,也提出了路径实现可按"创新物种—创新群落—创新生态系统"三个层次的形成过程依次展开。

尤其是在国家全面推动高质量发展的政策背景下,对于创新路径,目前已有不少学者展开研究。张学文(2014)基于知识生产、传播与创业的三大功能视角,提出开放科学、创业科学两大路径模型。张妮和赵晓冬(2022)归纳出实现区域创新生态系统高水平可持续运行的四条建设路径:高抗风险型建设路径、高政府创新投入型建设路径、市场主导技术协同型建设路径和全面协调型建设路径。

然而,当前针对创新路径的研究多基于知识、价值等视角,模式集中在政府、企业等方面,对产业协同创新关注较少(周阳敏,桑乾坤,2020),无法体现新时代多元化主体、多样化路径、多种创新模式的平行共存与协同演化特征(王璐瑶 等,2022)。并且这些研究多针对传统产业的创新路径探索,较少涉及前沿科技领域产业,不免陷入学界与业界脱节的困境,这也是本书将重点探讨的问题。

创新文化最早可追溯至16—17世纪的欧洲(赵军,杨阳,2021)。约瑟夫·熊彼特(Joseph Schumpeter)的创新理论中已涉及关于创新文化的研究。20世纪中叶,创新文化真正开始在中国萌芽(赵军,杨阳,2021),但直到20世纪90年代末,"创新文化"才成为一个科学概念(杨忠泰,白菊玲,

2020)。

叶育登等(2009)指出,创新文化是与创新实践相关的,以追求变革、崇尚创新为基本理念和价值取向的多种文化形态的总和,主要包括观念文化、制度文化和环境文化三个层面。创新文化可以定义为以"创新"为内核的文化体系,具有兼容并蓄的开放性、互信合作的主体协商性、敢为天下先的开拓创造性、宽容失败的包容性等特征(任福君 等,2021)。

对于创新文化的探索和研究是多维度的。一些学者对创新文化本身进行了审视。高锡荣和柯俊(2016)发现,中国创新文化有团结互助、注重反思等优点,但是存在冒险精神、平等文化等因素的绝对短板和怀疑精神、诚信文化等因素的相对短板。一些学者对创新文化的相对地位方面进行了考察,对不同国家的创新文化水平进行了比较。近年来,与"一带一路"合作伙伴相比,中国的创新文化水平快速提升,创意文化产业迅速发展,但也存在一些限制创新文化水平提升的因素,比如创新成果的现实生产转化率弱、创新政策与制度不完善等(冯根尧,冯千驹,2018)。李靖华等(2013)对国际上一些典型的创新型城市的创新文化建设进行了比较,研究发现,所在城市的基础条件对于创新文化的建设至关重要,因此,为了提高创新文化水平,应传承传统文化,提高文化发展规划能力,不断完善创新机制。一些学者针对创新文化的具体维度进行了研究。卢阳旭和赵延东(2019)聚焦于宽容文化,探索了其在不同国家对创新绩效的影响,发现社会宽容对原创性的基础型创新的促进作用只有在经济水平较高的经济体中才较为显著,经济发展水平越高,社会宽容的作用越重要。

以严谨缜密的方法追求和捍卫以真理为代表的科学精神,是创新文化的核心价值。以诚实守信、相互尊重等为特征的道德理念,以及宽容失败、崇尚创新的精神,是创新文化的价值导向(任福君 等,2021)。

第 1 章
同步创新模式构建的时代背景和研究概览

1.1 前沿科技领域产业创新的同步创新模式构建的时代背景

"前沿"在《现代汉语词典》(第 7 版)中的释义为"防御阵地最前面的边沿"。该释义主要比喻科学研究中最新或领先的领域,但是当"前沿"的概念用于科学技术中,其主要象征处于时空方位的前端,即兴起时间较短且较为新颖的科学技术。前沿技术在英语中的表述一般为"frontier technology"或"cutting-edge technology"。维基百科中将前沿技术与高级技术(high technology)列为同等概念,其最先出现于 1958 年美国《纽约时报》,用于形容原子能技术,是指位于当下最尖端的技术(Wikipedia,2019)。世界著名智库布鲁金斯学会(Brookings Institution)在其 2000 年发表的一篇报告中认为前沿技术是新兴的且具有巨大发展潜力的技术,可以创造许多新的和高回报的工作,也可以改变许多传统经济部门,是以知识为基础的经济社会增长速度的衡量指标(Cortright,Mayer,2001)。Furman 等(2000)采用"cutting-edge technology"概念指代前沿技术,认为其是世界上新兴的创新产出(new-to-the-world innovative output)。Dosi 使用"frontier technology"的表述,认为其是在相关技术和经济维度上已经达到了最高水平的技术路径(Hoelzl,Jürgen,2014),因而研究借鉴这些定义,认为前沿技术处于创新进程的前端,并且未来对技术和市场领域具有较大影响。由于前沿技术领域发展时间较短,不同国家和不同机构在此领域中的研究积累较少,差距较小,因而前沿领域为不同国家和机构提供了较为平等的竞争基础,所以也被学者们称为科学技术发展较为落后的国家追赶科学技术领先国家的契机(Leonard et al.,2016),中国便是其中的代表(Dan,2016)。

2006年,国务院印发的《国家中长期科学和技术发展规划纲要(2006—2020年)》要求,至2020年中国迈入创新型国家行列。2010年3月,在十一届全国人民代表大会第三次会议上,时任国务院总理温家宝所作的《政府工作报告》中提出了大力培育战略性新兴产业的要求,战略性新兴产业专项规划和扶持措施相继出台(王勇,2010)。

2012年7月,国务院印发的《"十二五"国家战略性新兴产业发展规划》中对"战略性新兴产业"定义如下:战略性新兴产业是以重大技术突破和重大发展需求为基础,对经济社会全局和长远发展具有重大引领带动作用,知识技术密集、物质资源消耗少、成长潜力大、综合效益好的产业。并且设定了7个大类产业为战略性新兴产业。

2016年11月,国务院印发《"十三五"国家战略性新兴产业发展规划》,对战略性新兴产业各类别进行调整并添加了具体领域,其中便包括石墨烯,指出"突破石墨烯产业化应用技术",并将石墨烯列为"前沿新材料"领域。2018年11月,国家统计局公布的《战略性新兴产业分类(2018)》将石墨烯粉体和石墨烯薄膜列入战略性新兴产业"碳基纳米材料制造"。新材料领域作为国家致力追赶发达国家的重点领域,2016年2月,工业和信息化部等四部委联合印发的《关于加快新材料产业创新发展的指导意见》中提出至2025年新材料产业总体进入国际先进行列,而石墨烯作为其中的代表,更是中国致力于赶超其他国家的证明。

石墨烯研究起源于20世纪40年代,2004年,英国曼彻斯特大学的两位科学家安德烈·海姆(Andre Geim)和康斯坦丁·诺沃肖洛夫(Konstantin Novoselov)成功提取单原子层石墨烯,引发学界轰动,两人因此于2010年被授予诺贝尔物理学奖。石墨烯因强度高、弹性大、质量小、导热导电性能好被誉为新型可替换型材料,尤其在厚度和强度上的优异性为其赢得了当前最佳材料的美誉(Geim,2012;The Graphene Council,2016;Madhuri Sharon,Maheshwar Sharon,2015)。BCC 研究所(BCC Research)于 2013 年 9 月发布的调研报告《石墨烯:技术、应用和市场》(Graphene: technologies, applications and markets)指出:2015 年石墨烯的市场价值估算已达到 150 万美元,并预估 2015—2020 年的年复合增长率(CAGR)可维持在 39.53% 的水平,而到了 2020 年,石墨烯全球市场价值将达到 3 亿美元,2025 年该数值将增加到 25 亿美元(McWilliams,2013)。中国石墨烯产业技术创新战略联盟 2015 年 10 月发布的《2015 全球石墨烯产业研究报告》中提到,截至 2015 年全球已有 80 多个国家或地区投入石墨烯相关材料研发,中国、日本、美国、韩国、欧盟等国家和地区均将石墨烯提升至国家战略高度(中国石墨烯产业技术创新战略联盟,2015)。

近年来,中国石墨烯产业在论文发表、专利申请、产业规模等领域发展速度较快,进入第一方阵。中国在论文发表数量方面于 2008 年超越美国成为第一,引文次数于 2014 年在科学网(Web of Science)核心数据库公布的数据中位居全球第一,专利申请数量于 2013 年超越美国成为全球第一(王国华 等,2018)。产业规模方面,2015 年 9 月印发的《中国制造 2025》指出,至 2020 年中国石墨烯形成百亿元的产业规模,而中国石墨烯产业技术创新战略联盟 2017 年 6 月发布的《2017 全球石墨烯产业研究报告》中指出,预计至 2020 年中国石墨烯市场规模将突破 1000 亿元人民币,并且在全球石墨烯市场上占据主导地位(中国石墨烯产业技术创新战略联盟,2017)。

前沿领域需要抢占市场先机(Choung et al.,2011),因而在保证质量的前提下如何加快创新速度是不同国家和机构需要关注的重点之一。同步创新模式被 Brown 和 Karagozoglu(1993)、Gilbert(1995)、Salerno 等(2015)认为可以节约创新时间,因而 Salerno 等认为适用于前沿领域的创新进程。中国石墨烯产业创新兴起时间迟于国外部分国家,但是如今在多个领域占据领先位置。例如论文出现时间迟于第一篇论文诞生的国家 3 年,专利诞生时间迟于第一个专利诞生的国家9年(王国华 等,2018),2009年三星、IBM开始进行石墨烯产品应用时,国内尚未诞生石墨烯生产企业等。如今,国内石墨烯产业创新保持高速发展。本书通过数据分析国内石墨烯产业不同创新阶段可被测量的表征物,发现不同阶段在一段时间内同时处于高速增长期,进而存在同步创新模式。本书选择以国内石墨烯领域创新为案例分析和研究同步创新模式的发展现状与产生原因,以及形成和维护其发展所需的条件。

1.2 同步创新模式构建的研究意义

本书基于具体产业案例并从内部(产业特征、技术制度)和外部(政策工具)为视角探索同步创新模式产生的原因,并总结其产生所需条件,较之前人在同步创新模式发生条件研究更为详细,扩充了同步创新模式产生条件。

本书将巴斯德象限(司托克斯,1999)、Pavitt知识分类(Pavitt,1984)、用户创新等理论应用于同步创新模式,拓展了其应用领域。

这是本书研究的理论意义。

石墨烯作为当前国家重点支持和规划的战略性新兴产业中的代表,本书针对其发展较快且部分成果在国际上保持领先的原因——同步创新模式进行探讨,这将为未来其他战略性新兴产业实现快速发展提供一定的参考性。

这是本书研究的实践意义。

1.3　同步创新模式构建的研究方法

1.3.1　文献计量学

文献计量学是对文献和文本的数据分析(Norton,2001)。本书对国内石墨烯领域发表论文、申请专利和经营企业数量进行统计,并将统计数据输入至 Loglet Lab 4 软件进行变化率分析,进而确认国内石墨烯产业创新过程中存在同步创新模式,其中论文和专利数据来自其他平台的数据统计(Gort,Klepper,1982)。

1.3.2　文件分析法

文件分析法(Document Analysis)是评估和审阅文件的一个过程,包括任何纸质和电子材料(周长辉,2012)。第 5 章中对国内石墨烯领域促进和维护同步创新模式代表性政策工具的梳理,需要分析和评估 2017 年 12 月 31 日之前国内所有有关石墨烯的政策文件,属于文件分析法的研究范式。

1.3.3　案例研究法

本书以石墨烯为案例探析同步创新模式产生原因和所需条件,为进一步阐释国内政策工具如何促进和维护石墨烯产业的同步创新,在第5章列举了两个案例:其一为促进和维护国内石墨烯产业同步创新的政策工具——上海市石墨烯产业技术功能型平台;其二以生产方企业为视角,分析政策工具在具体案例中如何促进和维护同步创新模式。案例研究可分成探索性、描述性和因果性三大类(Bowen,2009),本书中整体石墨烯案例研究属于探索性案例研究,而第5章两个小案例研究属于描述性案例研究。

1.3.4 深度访谈法

深度访谈作为质性研究方法中的一种(郑伯埙,黄敏萍,2012),在本书的研究中也得以应用。在准备和计划之时曾对国内石墨烯领域知名专家、中国科学技术大学朱彦武教授、王冠中教授进行深度访谈,其所持观点对本书的研究具有启发性,也对部分结论提供支持。同时笔者也对上海市石墨烯产业技术功能型平台相关负责人、部分石墨烯企业相关负责人进行深度访谈,为本书的案例研究以及部分结论提供支持。

1.4 值得注意的重点

本书的重点如下:
(1) 证明国内石墨烯产业创新进程中存在同步创新模式。根据石墨烯产业类型以及数据可表征程度将其产业创新过程划分成科学研究、技术应用和市场化三个阶段,再采集不同阶段可被测量的表征物发表论文、申请专利以及经营企业的数据,时间跨度为各自在国内产生之时至2017年12月

31日。经 Loglet Lab 4 软件分析后,发现国内石墨烯产业创新过程中科学研究与技术应用、技术应用与市场化阶段分别处于同步创新模式,并且依据 G-K 模式的产品生命周期划分,发现两次同步创新模式所处时间与石墨烯产业中第一周期和第二周期开始时间较接近。

(2) 分析国内石墨烯产业创新中同步创新模式形成的内部原因,以产业特征和技术轨迹为视角,进而探讨其产生所需的技术条件。依据分析原因时所得出的巴斯德象限转化,结合 Pavitt 知识分类(Pavitt,1984),为如何实现石墨烯产业创新过程三个阶段皆处于同步创新模式而提出构想。

(3) 分析国内石墨烯产业创新中同步创新模式形成的外部原因,以公共政策工具为视角,由于其属于公共管理中的重要领域,研究进而探讨同步创新模式产生所需的管理支撑条件。本书依据对促进和维护国内石墨烯产业同步创新模式的代表性政策工具盘点,总结这些政策工具特征的同时也分析出其倾向构建用户参与创新模式来促进同步创新模式。用户参与创新与用户发起创新同归属于用户创新,本书以此为理论基础为如何实现石墨烯产业创新过程三个阶段皆处于同步创新模式而提出构想。

(4) 通过上述总结的技术条件和管理支撑条件的归纳,再结合同步创新模式产生所需的基础条件,本书以国内石墨烯产业创新为案例视角,总结同步创新模式产生所需的条件,并分析出不同条件下处于同步创新模式的阶段不同。同时,分析同步创新模式在国内石墨烯产业创新中所引起的问题,并以此针对未来石墨烯领域产业创新发展尤其是公共管理层面提出建议。

本书研究的技术路线如图 1.1 所示。

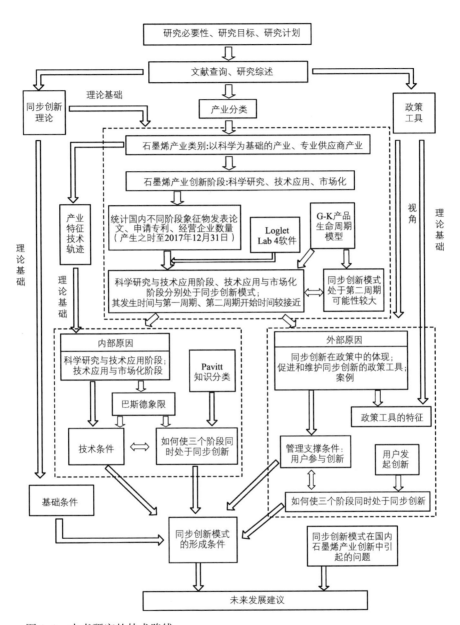

图 1.1 本书研究的技术路线

1.5 主要研究内容提要

本书关于同步创新模式的构建研究主要围绕其形成原因和所需条件展开。形成原因从内部(产业特征和技术制度)和外部(政策工具)两个视角展开,并依据不同角度的原因分析总结其需要的技术条件和管理支撑条件,最后结合同步创新模式特点所决定的基础条件,构成其形成所需的条件,所以本书的研究融合了技术创新和公共管理两大领域。

国内石墨烯产业具有以科学为基础的产业和专属供应商产业特征,依据创新阶段划分的文献调研,本书将石墨烯产业创新阶段划分为概念形成、科学研究、技术应用和市场化四个阶段。但为证实同步创新模式存在于国内石墨烯产业领域以及分析其存在时期,本书出于数据收集和测量可操作性的考虑,结合当前国内石墨烯领域发展语境,决定以科学研究、技术应用和市场化三个阶段为研究对象,并参考其他文献研究为三个阶段分别寻找既利于数据测量又可代表各自的表征物——发表论文、申请专利、经营企业。同时,本书根据 Martino(2003)对线性创新模式的描述,认为不同创新阶段的高速增长期处于相同时间段则代表其处于同步创新阶段,同时不同创新阶段高速增长期的重叠相较于其他发展时期的重叠其在相同时间节约成本下提升的效率是最高的。本书的研究分别收集各表征物自产生之时(分别为 1994 年、2003 年、2010 年)至 2017 年 12 月 31 日的数据,利用技术预测软件 Loglet Lab 4 中 Logistic、Germptze、Richards 曲线对三方数据进行适配,以高速增长变化率所处期间代表高速发展期/高速增长期,参照 Gort 和 Klepper(1982)产品生命周期划分标准,发现科学研究与技术应用阶段在国内石墨烯产业创新即将进入第一周期时(2009 年)至该周期即将结束之时(2013 年)期间处于同步创新中,而技术应用与市场化阶段于第二周期开始之年(2014年)进入同步创新,至统计截止之时尚未结束。同时本书认为同步创新模式的特点决定其处于G-K产品生命周期中第二周期的可能性较大(Gort,Klepper,1982)。

同步创新模式并非在产业创新之初产生,其需要一定条件,本书将从内部(产业特征和技术制度)和外部(政策工具)两个视角出发分析其产生的原因,进而总结其产生所需条件。

内部视角为产业特征和技术制度,主要从石墨烯发展历史、产业特征及其所形成的技术轨迹出发,分析不同创新阶段进入同步创新模式的原因,发现石墨烯科学研究从玻尔象限到巴斯德象限的转化、以科学为基础的产业和专属供应商产业重视专利申请成为科学研究与技术应用形成同步创新模式的原因;而以科学为基础的产业重视内部研发与专属供应商产业以用户为重要机会来源形成技术应用与市场化阶段处于同步创新的原因。

外部视角则从公共政策工具的角度出发,探析公共管理层面如何构筑同步创新模式形成和发展环境,发现重视需求面和环境面政策工具,以及倾向于构建用户参与创新模式成为国内石墨烯领域同步创新模式形成的外部原因。

内外部原因的分析为探索同步创新模式在国内石墨烯领域形成所需条件提供基础,同时在分析时引用巴斯德象限、用户创新概念,设想如何形成不同创新阶段处于同步创新模式,即扩展处于同步创新模式的创新阶段范围提供理论参考,而这个设想较适用于具有以科学为基础、专属供应商产业特征的前沿科技领域产业。

通过分析内外部原因,结合前人分析的同步创新模式产生原因和研究分析其产生所需的基础条件,本书从基础条件、技术条件和管理支撑条件三个方面概括同步创新模式产生和持续发展所需条件,为后期其他前沿领域开展同步创新模式提供借鉴。同时,本书也关注同步创新模式为石墨烯产业创新带来的问题,并结合这些问题针对未来石墨烯领域产业创新发展尤其是公共管理层面提出参考性建议。

具体每章内容安排如下:

第 1 章阐述本书的研究背景、研究意义、研究方法、技术路线图、研究内容和研究创新之处。

第 2 章梳理同步创新模式、产业分类和政策工具方面的文献。同步创新模式贯穿整个研究主线；产业分类为确定石墨烯产业类别和创新阶段提供文献依据，同时石墨烯产业类别决定了其产业特征和技术轨迹，为第 4 章内部原因分析提供理论基础；政策工具为第 5 章外部原因分析提供研究视角，其政策工具分类为分析促进和维护国内石墨烯产业同步创新模式的政策工具特征提供理论基础。

第 3 章确立石墨烯产业创新阶段以及不同阶段的表征物，同时以高速增长期为衡量角度，利用技术预测软件 Loglet Lab 4 中 Logistic、Germptze、Richards 曲线对三方数据进行适配，并参照 Gort 和 Klepper(1982)产品生命周期划分标准，确立国内石墨烯产业创新中存在同步创新模式，描述其在不同产业周期中的具体表现，最后总结同步创新模式在石墨烯产业创新中存在的时间点。

第 4 章通过产业特征和技术轨迹的内部视角寻找同步创新模式存在的原因，简要概括其产生需要的技术条件。通过分析发现石墨烯科学研究从玻尔象限到巴斯德象限的转化、以科学为基础的产业和专属供应商产业重视专利申请成为科学研究与技术应用形成同步创新模式的原因；而以科学为基础的产业重视内部研发与专属供应商产业以用户为重要机会来源，形成技术应用与市场化阶段处于同步创新的原因。本书以此为基础提出以科学为基础的产业和专属供应商产业中同步创新模式形成的技术条件。但是国内石墨烯领域尚未实现三个阶段同时处于同步创新模式情况，本书以巴斯德象限(司托克斯,1999)和 Pavitt 知识分类(Pavitt,1984)为理论基础，认为具有以科学为基础、专属供应商产业特征的前沿科技领域产业中，以具体用户或应用为出发点的科学研究可能更有利于形成科学研究、技术应用和市场化阶段同步创新。

第 5 章以政策工具视角，探析公共管理层面如何构筑同步创新模式形成和发展的外部环境。从以政府为参与主体的公共管理层面出发，盘点促进和维护国内石墨烯领域同步创新模式的代表性政策工具,发现其具备的特征和对同步创新模式形成所产生的影响,同时其倾向于构筑用户参与创新的发展环境,进而共同成为同步创新模式产生所需的管理支撑条件。最后结合用户创新理论从另一角度出发为如何促进不同阶段在一段时间内处于同步创新模式提出设想。

第 6 章总结全书内容。以国内石墨烯产业创新为案例,总结同步创新模式形成需要的条件(基础条件、技术条件和管理支撑条件),并盘点同步创新模式在国内石墨烯产业创新引发的问题,最后针对这些问题为未来石墨烯领域产业创新发展尤其是公共管理层面提出参考性建议。

第 2 章
同步创新模式研究与实践的历史回顾

2.1 同步创新模式研究的发展

第二次世界大战后,创新研究领域兴起线性创新模式(linear innovation model),最具代表性的模式为技术推动(technology push)和需求拉动(market pull)创新,分别作为第一代和第二代创新模式总结于 Rothwell (1994)的五代创新模式中(表 2.1)。其中技术推动模式大致经历"基础理论→设计→制造→投放市场→销售"的过程,而需求拉动模式则经历了"市场需求→发展→制造→销售"4 个阶段,这些阶段按照时间顺序发展,因此,被称为"线性创新模式"(Manley,2008;Tidd,Bessant,2013;Marinova, Phillimore,2003)。线性创新模式也被称为"单向模式",其最大的缺点便是没有"互动"和"反馈"(Tidd,Bessant,2013;Marinova,Phillimore,2003),而反馈是对技术或产品提出的重要意见,也是制订下一步发展计划和评估竞争位置的重要参考,已经成为技术发展过程中的一部分,并且有效的创新需要得到快速反馈(Takeuchi,Nonaka,1986),所以不同学者对线性创新模式提出一些批判意见,并提出新的创新模式。

表 2.1 Rothwell 总结的五代创新模式

类　　别	创　新　模　式
第一代创新模式	技术推动模式
第二代创新模式	需求拉动模式
第三代创新模式	耦合模式
第四代创新模式	整合创新进程/平行模式
第五代创新模式	系统整合和网络模式

资料来源：Rothwell R，1994. Towards the fifth：generation innovation process[J]. International Marketing Review，11(1)：7-31.

"链环-回路模型"（chain-linked model）是反线性创新模式的代表，由 Kline 和 Rosenberg 于 1986 年提出，承认创新刚开始沿着"设计→发展→产品→市场"的顺序发展，而"设计"可能来自潜在市场的反馈，认为创新初期呈现"潜在市场→发明或者制造分析设计→详细设计和测试→重新设计和生产→分配和市场"，但是进入后期每个阶段之间具有反馈和互动，所以不同阶段之间具有双向发展趋势。更重要的是，任何阶段出现的问题可能需要通过研究产生的知识来解决，除了"潜在市场"阶段，研究产生的知识为不同阶段提供基础支撑。知识可以分别提供于不同阶段作为支撑，并且 Kline 和 Rosenberg(1986)没有强调需在不同时间进行，即意味着可在同一时间进行，同时不同阶段的互动也可以在同一时间进行，虽然这个模式没有强调同步，但是已隐含同步发展的趋势。

Rothwell(1994)也意识到线性创新模式的局限性，于是五代创新模式中后三代融入了"互动"和"反馈"因素，形成耦合模式（couple model）、整合模式（integrated model）、系统整合和网络模式（SIN），如表 2.1 所示。最后一代系统整合和网络模式是第四代整合模式的升级版，将原本只属于一个机构或一个领域语境下的整合模式放置于与其相关的整体网络中，形成一个多重机构网络式的整合模式。整合模式于 20 世纪 80—90 年代提出，由于以IT技术为基础的设备出现,公司的战略联盟增多,许多小型公司可以参与到生产网络中,并且日本科技企业的崛起,致使许多西方企业逐渐重视时间在保持竞争优势上的重要作用(Rothwell,1994),因而促使一种新型反线性创新模式的出现(Takeuchi,Nonaka,1986),也标志着占主导地位的创新过程模式按顺序发展的一个转折(颜晓峰,2001)。整合模式使得创新中的各阶段处于平行发展过程,以Rothwell(1994)举例的尼桑公司来看,其与汽车零部件生产厂商在市场化、研究与发展、产品发展、产品工程化、零件制造等方面就处在平行发展的过程中,因此整合模式也被称为平行模式(同步模式)(Kline,Rosenberg,1986),如图2.1所示。由此,同步模式登上学术研究舞台。

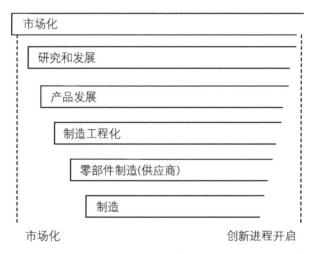

图2.1 Rothwell以尼桑公司新产品创新过程为例描绘平行模式
资料来源:Rothwell R,1994. Towards the fifth: generation innovation process[J]. International Marketing Review,11(1):7-31.
注:相较于原图省略了共同小组会议时间。

Kessler和Chakrabarti(1999)在《同步发展和产品创新》(Concurrent Development and Product Innovations)中提到:同步发展,即产品发展过程中同步执行多重阶段,被Zairi和Youssef(1995)认为是提高创新速度的有

效方式,同时也节约成本和提高终端产品质量,协调各类行为。美国防御分析研究所(The Institute for Defense Analysis)将同步发展看作将同步发生的产品设计和包括制作与支持在内的相关过程融为一体的系统化方式,可以让开发者考虑产品生命周期中所包含的所有影响因素(Handfield, 1994)。

后来学者将同步模式融入创新阶段中以了解其如何开展。Kasahara等(1990)提出的是平行式任务进程(parallel processing of tasks),即平行展开各任务进程,而Salerno等(2015)使用的是"开展平行活动的创新进程"(process with parallel activities),并描述平行式进程开展的过程。后者共提出八种不同的创新模式,其中最后一种便是"开展平行活动的创新进程",该进程模式下创新经历了从"概念产生"(idea generation)→"概念选择"(idea selection)→"发展"(development)和"扩散/市场/销售"(diffusion/market/sales)几个阶段,其中"发展"和"扩散/市场/销售"是同步进行的(图2.2)。因为产品发展至一定阶段后,部分企业选择让其进入下游市场扩散和销售或者引进下游用户进行合作,在这个过程中下游市场或用户提供的反馈信息可以指导产品的改进和后续生产,因而严格意义上"发展"过程并没有结束,而此时"扩散/市场/销售"阶段已经开启,进而形成多个阶段同步发展。但是"发展"阶段在其他三种创新进程中是不确定的。这三种创新进程主要在停滞期存在区别,分别为等待市场、等待技术进步的停滞期、等待市场和技术进步的停滞期,其他进程完全相同。因此,三种创新进程为:理念(ideas)→选择(selection)→第一阶段发展(development Ⅰ)→第一阶段扩散(diffusion Ⅰ)→停滞期[等待市场(waiting for the market)/等待技术进步(waiting for the advance of technology)/等待市场和技术进步(waiting for the market and for the advance of technology)]→第二阶段发展(development Ⅱ)→第二阶段扩散(diffusion Ⅱ)(Salerno et al., 2015)。它会经历一段时间的停滞期,而在各期间内会继续重演科学研究等阶段,直到成熟后再重新进行下一轮的"发展"和"扩散/市场/销售"阶段,因此"发展""扩散/市场/销售"阶段与发展停滞重新进行下一轮的阶段可能也是平行展开的。

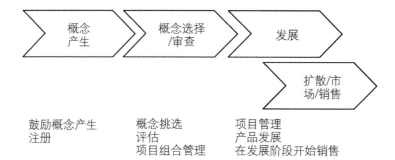

图 2.2　具有平行活动的创新进程

资料来源：Salerno M S, Silva D O D, Bagno R B, 2015. Innovation processes: which process for which project? [J]. Technovation, 35(35): 59-70.

许多公司为了保险起见常常等待各阶段完成后才进入市场，但是它们会失去缩短产品周期的重要窗口，同时对于技术公司来说，第一个进入新市场和创造新产品具有极大优势，因此同步发展意味着缩短产品进入市场的时间。Salerno 等（2015）认为在创新进程下同步开展各种活动，有利于创造新需求、测试解决方式、获得建议、提高产品终样同步开展，大大提高这些活动开展效率，对于急于在新兴市场领域立住脚跟的企业非常适用。作为前沿领域，石墨烯无论是技术发展还是市场构建皆具有不成熟性，或者说可能皆处于前沿阶段，但是前沿领域给予部分技术发展较迟的国家弯道超车的机会，因此包括中国在内的许多国家已将石墨烯作为重要发展领域，致力于率先抢占市场先机，所以在缩短时间上具有优势的同步创新模式适用于石墨烯领域的发展。

本书的研究证实了同步创新模式在国内石墨烯产业创新中得以实践，顺应了在《"十三五"先进制造技术领域科技创新专项规划》等政策中提出的在石墨烯等前瞻性科技领域实行"一条龙发展"的战略，即产业链不同位置或产业化不同阶段同步发展。Shapira 等（2012）则是最早注意到石墨烯产业化活动中同步发生状态的存在，但是仅限于科学研究活动与专利注册活动之间,通过对石墨烯早期商业活动现状的检验,发现石墨烯科学出版物的出版时间和专利注册时间间隔约四年,相比其相近产业富勒烯领域中二者时间间隔大幅缩短,因此科学活动与专利增加逐渐趋于同步发生的状态,并引入同步发生模式(concurrent model)的概念。

同步创新模式在不同技术领域语境中发展情况不同,同时介入的时间或者介入时产业化不同阶段的基础条件也不同。前人文献中关于同步创新模式产生原因的论述,虽然其用词有时为"平行模式",但是本书认为其主要可概述为两点:

(1)产业集群的产生促使同步创新模式的形成。Rothwell(1994)认为主要是因为以 IT 为基础的设备制造业的兴起致使公司之间的战略联盟数量快速增长,这些战略联盟由大型企业和小型企业共同组成。Freeman(1991)认为创新集群网络的形成可以打破循序渐进性的创新过程。魏江和王江龙(2004)、胡晓娣和胡君辰(2009)也认为产业集群作为一种新兴的组织形式,让处于产业链不同位置的机构形成创新集群网络,其各自活动的开展趋于一体化和共同化,使技术创新突破了原先趋于线性的创新过程,呈现出一种平行交叉作业的平行过程模式。这种模式利于降低成本,及时获得下游反馈,对于减少前沿领域发展中的技术和市场不确定性来说是至关重要的。这与 Rothwell(1994)的第五代创新模式整合模型、Lancker 等(2016)提出的组织创新系统(organizational innovation system)具有异曲同工之妙。不仅如此,创新网络使得其中知识的传播方式是平行传递的而非序列传递的(刘璇 等,2015)。

(2)节约时间成本逐渐成为重要的竞争力。Rothwell(1994)总结平行模式产生的 20 世纪 80 年代正提出以时间为基础的战略,意味着加快发展速度和缩短产品生命周期逐渐成为领头公司重要的竞争因素。当时日本科学技术发展迅速,西方企业需与日本企业抢占市场,因而节约时间成本的需求致使平行模式应运而生。胡晓娣和胡君辰(2009)也肯定了平行过程模式可以缩短技术创新周期,可以加快技术创新速度,还可以提高技术创新绩效。Salerno 等(2015)认为前沿领域重视率先抢占市场,时间成为领域中机构能否保持竞争优势的决定性因素之一,因而具有平行过程的创新进程应运而生,并且适用于前沿领域。上述对于同步创新模式的概述基于多个产业或整体环境,并未细化于具体产业中,本书承认这些因素对国内石墨烯产业形成同步创新模式的影响,在本书中不多加赘述。虽然列举的学者总结了同步创新模式产生的原因,但他们只是基于时代发展背景,并没有深入某技术领域分析其产生的条件,更没有注意到在前沿领域中推行同步创新模式还需要管理环境的促进和维护,所以本书以石墨烯为案例语境研究同步创新模式发生的技术条件,以及国内公共管理行为和措施如何为其构建维护和促进语境,也注意到在构建过程中所存在的问题,为同步创新模式融入新的语境解释。

无论是 Rothwell(1994)的平行模式还是 Salerno 等(2015)具有平行活动的创新进程,皆强调配套企业或上下游机构同步发展,胡晓娣和胡君辰(2009)将其总结为垂直产业链合作创新,也是垂直产业链的平行型创新,总结了这类平行型创新形成的原因,其中一条便是在产品创新过程中上游企业和下游企业可以对各自分包的产品部分进行平行开发;另一种平行型创新是水平企业合作创新,即在企业创新过程中,与高校、研究机构等中介机构的合作进一步加强,企业可以通过与这些机构之间的合作促进一些问题的解决(胡晓娣,胡君辰,2009)。这类平行型创新模式与三螺旋结构模型(Etzkowitz,Leydesdorff,2000)、创新系统(Spencer,2003)等概念的出发点具有一定的相似性。本书的研究讨论的同步创新模式不限于上述两种平行型创新模式。还有学者将平行模式扩展至知识扩散领域,刘璇等(2015)认为平行复制模式的知识扩散也是一种高效率的知识扩散方式,同步创新模式无论是在产业创新还是在其他领域都有利于效率的提升。

2.2 产业分类的研究梳理

同步创新模式涉及不同创新阶段之间的同步发展,因此对石墨烯同步创新模式的研究需要确定其创新阶段的构成,而创新又是个动态的过程,不同产业的产业特征决定了其创新所需经历的不同阶段,同时也影响了不同产业的技术制度,进而对其所采用的创新模式产生影响。本书的研究在确立石墨烯产业创新阶段和采用同步创新模式原因时皆从其产业特征出发,而产业特征正是依据不同的产业分类而设定的,因此首先需要梳理产业分类方面的文献。

Pavitt 是较早对产业进行分类的学者,其依据技术轨迹的概念调查创新类别(sector),涉及创新的本质、来源和模式,将不同类别小组所采用的创新模式和相关类别间的知识流动分成三个类别,即三个产业类型,分别为以科学为基础型(science-based)、生产密集型(production-intensive)、供应商为主导型(supplier-dominated)产业,其中生产密集型产业可分成两个类别——规模密集型(scale-intensive)和专业供应商型(specialised supplier),如表2.2所示(Pavitt,1984)。因此,Castellacci(2008)、Bogliacino 和 Pianta(2016)认为 Pavitt 确立的是四个产业类型。在确立产业类型后,Pavitt 依据技术轨迹三个影响因素——技术来源、用户类型和所有权形式比较不同产业的技术轨迹和所具备的特征(包括工艺技术来源、创新公司规模、产品和工艺创新的平衡性等),同时也对创新发展中的一些概念进行分析和比较,例如比较了科学技术推动与市场拉动、产品创新和工艺创新的概念,分析了工艺创新的聚焦点、市场多元化以及公司规模和市场结构的概念。

表 2.2　Pavitt、Castellacci、Bogliacino 和 Pianta 的不同产业分类

Pavitt 的产业分类		Castellacci 的产业分类		Bogliacino 和 Pianta 的产业分类	
以科学为基础		先进知识提供者	专业供应商	以科学为基础	
			知识密集型商业服务		
生产密集型	规模密集型	支撑性基础设施服务	实体型基础设施	专业供应商	
	专业供应商		网络型基础设施		
供应商为主导		批量商品生产	规模密集型	供应商为主导	
			以科学为基础	规模和信息密集型	规模密集型制造业
		个性化产品和服务	供应商为主导产品		信息密集型产业
			供应商为主导服务		

资料来源：Pavitt K, 1984. Sectoral patterns of technical change: towards a taxonomy and a theory[J]. Research Policy, 13(6): 343-373.

Castellacci F, 2008. Technological paradigms, regimes and trajectories: manufacturing and service industries in a new taxonomy of sectoral patterns of innovation[J]. Research Policy(37): 978-994.

Bogliacino F, Pianta M, 2016. The Pavitt Taxonomy, revisited: patterns of innovation in manufacturing and services[J]. Economia Politica, 33(2): 153-180.

Pavitt(1984)从技术自身的技术轨迹角度解释了为什么不同产业间的发展路径不同，因为其基于的是技术范式和技术制度的概念。Dosi(1982)认为技术范式具有排他性，其决定了技术制度。而 Ende 和 Dolfsma(2005)认为技术制度决定了技术轨迹，这也是演化经济学所持有的概念，不同产业类别所呈现的特征及其选用的发展模式与其自身的技术范式有关，进而也为本书的研究提供了分析视角的参考，但是技术范式是个哲学概念，其描述的技术制度和技术较为具体，可以通过技术本身的发展轨迹进行分析，因此选择石墨烯产业技术制度和技术轨迹为一个视角分析其进入同步创新模式的原因。Pavitt 产业分类对后来创新研究影响较大，例如在 Tidd(2013)、Castellacci(2008, 2010)、Kohler、Bogliacino 和 Pianta(2016)等学者的部分产业或公司比较中继续沿用，但是也有一定的不足，这些不足之处在部分学

者的产业分类中得到一定程度的改进。Archibugi(2001)在 Pavitt 产业分类诞生的 17 年后撰写了一篇评论型文章,在肯定了其产业分类由于定位于技术能力而呈现了区别于以前所有分类的不同目的的同时,也认为其存在一些限制性。首先,其仅定位于创新类公司,不包括非创新类公司;其次,其是定位于企业级别还是产业级别的分类还存在争议;最后,其忽视了部分产业具有多重产品(multi-product)和多重技术(multi-technology)的特性,同时产业的分工逐渐细化,无法包括所有产业,因而部分学者开始对其产业分类进行加工和细化。其中最具代表性的便属 Castellacci(2008)的产业分类。

Castellacci(2008)延续了 Pavitt 的产业分类依据,即技术范式决定技术制度和技术轨迹的理论基础,但是 Castellacci 将此概念融入产品和技术的相关特征,最终表现为从两个角度对产业进行分类:一是每个产业设立的目的,是针对产品和服务的提供者还是接受者;二是产业的技术内容和创新公司技术能力的整体水平,是可以通过内部制造实现还是依赖于外部供应商。这两个角度主要还是由部门系统所特有的技术制度或轨迹决定的,因此 Castellacci 的分类依据是将技术制度和技术轨迹的概念更加具体化。Castellacci 将产业分成四个类别:先进知识提供者(advanced knowledge provider)、支撑性基础设施服务(supporting infrastructural service)、批量商品生产(mass production goods)、个性化产品和服务(personal goods and services)。每个类别都包括两个子类别,具体如图 2.3 所示。为了可视化不同产业类别的分工,Castellacci 将四个产业类别及其子类别绘制在坐标轴上,其中 X 轴为技术内容,代表其创新内容是否方便线性化,Y 轴为纵向产业链,象征不同产业在产业链中的位置。

不同产业的技术制度和技术轨迹不同,为了详细展现其差异,Pavitt (1984)与 Castellacci(2008)相似地采用影响技术制度的三个因素为区别标准,并细化成不同指标,分析其在 2002—2004 年欧洲第四次社区创新调查中各项指标的数据,进而比较了不同产业在这些指标上的表现,最后总结了不同产业的技术制度和技术轨迹(Castellacci,2010)。本书从技术制度和技

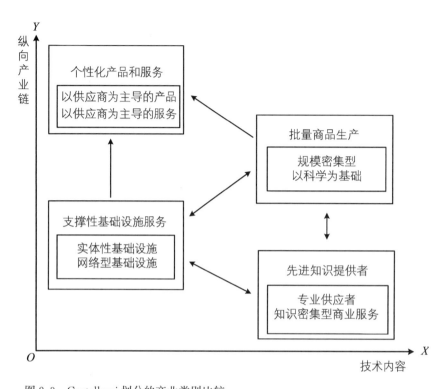

图 2.3 Castellacci 划分的产业类别比较

资料来源：Castellacci F, 2008. Technological paradigms, regimes and trajectories: manufacturing and service industries in a new taxonomy of sectoral patterns of innovation[J]. Research Policy(37):978-994.

术轨迹的角度分析国内石墨烯产业进入同步创新模式的原因,Castellacci (2009)提出的不同产业技术制度和技术轨迹较为详细,因而成为分析石墨烯产业技术制度和技术轨迹的参考,同时被较广泛地应用于后来的学术研究中。Castellacci(2010)在后来研究国家创新系统与产业类型的关系以及通用目的技术(general purpose technology)扩散过程时依旧采用四个产业分类。后期学者将其应用于分析生产力与研发之间的关系较为普遍,例如 O'Mahony 和 Vecchi(2009),Revilla 和 Fernández(2012)分别研究不同技术制度下研发、技术扩散和公司生产力,以及公司规模和研发生产力之间的关系。

随着信息技术的发展,Castellacci(2010)希望产业分类可以体现出信息和传播技术(ICT)的新语境,因为在以其为基础的技术环境下许多国家的产业结构进行了调整,他寄希望于更加贴近高机会的制造和服务产业,所以学者们又开始对产业分类进行新调整,但是总体上只是细节部分的调整,没有呈现出显著性区别,较具代表性的为 Bogliacino 和 Pianta。Bogliacino 和 Pianta(2016)作为较为接近当前语境的产业分类,将两位数代码的欧洲产业活动分类(Nace Classification Rev. 2)具体类别融入 Pavitt 产业四个分类中,即将具体产业划分至四个产业类别中,例如化学、办公室机械等属于以科学为基础的产业,形成修订版的 Pavitt 产业分类(revised Pavitt taxonomy)。Bogliacino 和 Pianta 认为以科学为基础、专业供应商和供应商为主导的产业分类继续适用,而由于规模密集型制造业与 ICT 背景下的信息密集型产业之间逐渐趋近,所以规模密集型产业可以更改为"规模和信息密集型部门"(scale and information intensive sectors),并包括上述二者,进而确立的修订版的 Pavitt 产业分类为以科学为基础,供应商为主导的规模和信息密集型部门。上述重点列举的三位学者的产业分类呈现了产业分类的不断发展,其更新的原因只是需融入新的发展语境,但无论是何种分类,在部分内容上保持一致,并且各有参考的价值,本书将依据上述三位学者的产业分类和论述的技术制度、技术轨迹特征,结合国内石墨烯产业现状对其进行定位,以了解石墨烯产业所处的创新阶段和进入同步创新模式的原因。

2.3　石墨烯的产业特征研究分析

无论是 Pavitt(1984)还是 Castellacci(2008)的产业分类,都建立在对企业数据的调研基础上,尤其是 Pavitt 的产业分类,Archibugi(2001)认为也可以是企业分类,因此企业数据是了解产业定位的一个窗口。除此之外,石墨烯企业生产的产品定位可以帮助了解石墨烯产业在相关产业链中的位置，因此为详细了解石墨烯产业定位，对石墨烯领域中企业的经营范围和产品定位方面的数据进行收集，发现石墨烯产业具有以科学为基础、专业供应商的产业特征。

本书以启信网为企业经营范围收集平台，时间跨度为2010年（国内第一家石墨烯企业成立）至2018年5月17日，检索条件为"经营范围"是"石墨烯"的企业，初步获得3648家企业数据。下一步通过人工筛查，去除452家仅从事石墨烯销售的企业（多数为商店）以及135家已退出市场的企业，剩余3061家企业，并将其"企业名称、地址、成立日期、注册资本、经营范围"内容输入Excel表格中。根据对这些企业经营范围的梳理，将国内石墨烯企业经营范围大致分成五类：石墨烯及应用产品生产、石墨烯技术研发、石墨烯行业相关服务、石墨烯产业所需工作设备材料的提供生产、石墨开采加工石墨烯及应用产品生产（企业生产石墨烯及其应用产品），统计方式为人工筛选，Excel表格中经营范围包括石墨烯及其应用产品（石墨烯发热膜、石墨烯氧化材料等）。

石墨烯技术研发，即从事石墨烯技术研发的企业，筛选条件为"研发、开发、研究"。石墨烯行业相关服务，即提供关于石墨烯专利申请、企业成立、市场行情、技术转让等方面的咨询、申请、服务的企业，筛选条件为"技术服务、技术转让、技术咨询、知识产权"。石墨烯产业所需工作设备材料的提供生产，即为石墨烯企业提供生产、检测时所需的设备、工具、辅助材料，筛选条件为"生产设备、制造设备、制作设备、检测设备"。值得注意的是，只统计石墨烯生产所使用的工具性设备，一些以"设备"命名但实际上属于石墨烯应用产品的，需进一步筛选排除，例如"石墨烯供暖设备"等。石墨作为石墨烯生产所需的原材料，也是石墨烯产业中部分企业所从事的经营范围，但并不是所有进行石墨开采加工的企业都同时从事石墨烯制备，所以如果需统计这类企业数量，还需将"经营范围"为"石墨"列为检索条件，再对已退出市场的企业进行人工筛选。

根据上述统计方法，从事五类经营范围的企业数量及其占比如表2.3

所示,其中从事石墨烯及应用产品生产、石墨烯技术研发的企业数量较多,占比将近90%。从事石墨烯行业相关服务的企业数量也较多,但是经过进一步筛选,发现仅从事石墨烯行业相关服务的企业共计62家,占据3061家企业的2.03%,与所有从事石墨烯行业相关服务的1091家企业数量相差甚远,这也反映出多数石墨烯企业经营范围较广,同一家企业可能同时从事几类经营范围。石墨烯领域中从事石墨开采加工的企业为548家,但是不限制任何领域的石墨开采加工的企业共计1247家,表明约44%的石墨开采加工企业从事石墨烯产业相关活动,既反映出石墨开采领域看重石墨烯发展前景,也反映出作为石墨烯产业链上游的原材料提供企业对于产业链合作的构建。石墨烯产品生产商作为石墨开采企业的下游用户,如果在内部实现二者合作,便提高了产业链合作的效率,这也是国家供给侧结构性改革、资源型企业转型的效果之一。

表2.3 不同石墨烯经营范围的企业数量

经营范围	石墨烯产业中企业数量	
	数量(家)	占比
石墨烯及应用产品生产	2717	88.76%
石墨烯技术研发	2677	87.46%
石墨烯行业相关服务	1091	35.64%
石墨烯产业所需工作设备材料的提供生产	61	1.99%
石墨开采加工	548	17.9%

2.3.1 以科学为基础的产业特征

Pavitt(1984)认为以科学为基础的产业重视科技研发,而研发也是这类产业中重要的技术来源。《弗拉斯蒂卡手册》(第6版)中"研发"定义是为了增加知识储量而在系统的基础上进行创造性工作,可以减少发展的不确定性,以及利用这些知识储备来设计新的应用(经济合作与发展组织,2010)。石墨烯作为一种材料,其制备技术是一个不断创新的过程,从最初的机械式剥离、化学气相沉淀等方式发展到如今卷对卷等六种制备方式(中国石墨烯产业技术创新战略联盟,2017),是工艺技术不断创新的体现。同时石墨烯因具有优异的热电传导性而市场潜力巨大,但是将其应用至产品中性能发挥较不稳定或存在尚未突破的问题,且涉及凝聚态物理等理论基础(Novoselov et al.,2005),还需借助科学研究来减少不确定性。因此,无论是从工艺创新还是从产品创新来说,石墨烯技术符合《弗拉斯蒂卡手册》(第6版)对研发的定义,也符合Pavitt(1984)认为的以科学为基础的产业同时重视产品创新和工艺创新的特征。

由于研发是以科学为基础的产业中重要的技术来源,同时产业中的许多企业具有内部创造新知识的能力,因此产业中存在许多从事研发工作的企业,或者说研发是企业主要活动之一。表2.3的数据显示,石墨烯产业中从事技术研发的企业占所有企业数量的87.46%,可以看出,以科学为基础的企业占据石墨烯产业多数,再加上科研机构,整个产业倾向于以科学为基础的产业,也从另一个角度说明了技术推动在石墨烯产业形成中的重要性。Grupp等在对各种学科的科学依赖性进行测评后发现材料学高于所有学科的科学依赖性平均值,因此属于以科学为基础的技术领域(Meyer-Krahmer,Schmoch,1998)。《2017全球石墨烯产业研究报告》中指出,石墨烯企业是典型的高科技企业,它们具备高知识、高创新性和高成长性(中国石墨烯产业技术创新战略联盟,2017)。石墨烯作为一种新型二维碳纳米材料,主要属于材料学范畴,在某种程度上属于以科学为基础的技术。根据对国内石墨烯领域论文数量统计,截至2017年12月31日共计发表论文57573篇,比同期专利数量多出48.54%。论文作为科学研究成果最主要表现,其数量多少代表科学研究在产业中所占的分量。

在Castellacci(2008)的产业分类中,以科学为基础的产业属于批量商品生产产业,处于知识链的关键位置,既可以由先进的知识提供者获得技术投入,也可以自身提供技术输出,为基础设施服务、终端产品的生产商所使用。换句话说,这类产业处于产业链的中游位置,其制造可能需要从上游获得技术或者产品输入,而生产的产品也需要卖给下游应用商,因此Castellacci(2008)认为批量商品生产产业也是搬运工产业(carrier industry),将上游的技术或产品进行加工后输出给下游。《2017全球石墨烯产业研究报告》中列举了石墨烯领域中九大具有潜力的具体领域和代表产品(中国石墨烯产业技术创新战略联盟,2017),如表2.4所示,多数需要应用于下游产品中才可体现其市场价值,例如石墨烯电容器、石墨烯电池需要应用于手机、汽车等终端产品中其应用价值才能被个体消费者感知,自身无法进入市场被大规模的个体消费者购买,只有石墨烯催化剂和润滑剂可以作为单独消费品被个体消费者购买。因此石墨烯及其应用产品在其终端产品产业链中多位于上游或中游位置(高云,杨晓丽,2017),在国家制造强国建设战略咨询委员会审定通过的《工业"四基"发展目录》(2016年版)中被列为航天航空领域的关键基础材料。

表2.4 石墨烯主要应用领域代表产品和下游应用产品

领　　域	代　表　产　品	下　游　应　用　产　品
能量存储与转换	石墨烯电容器、石墨烯电池	新能源汽车、智能手机、平板电脑等
传感器	石墨烯生物传感器、石墨烯压力传感器、石墨烯气体传感器等	医疗器械、家用电器、机器人、游戏设备等
生物医药	抗肿瘤药物阿霉素(DXR)载体	靶向治疗药物等
复合材料	石墨烯金属纳米粒子复合材料	液晶显示、超级电容器、催化剂等
复合材料	石墨烯橡胶	飞机、汽车等
复合材料	石墨烯纤维	航空航天、企业、军工、抗菌医用、生物医药等

续表

领　域	代　表　产　品	下　游　应　用　产　品
节能环保	石墨烯催化剂、石墨烯润滑剂	化工产品
柔性显示	石墨烯柔性透明导电薄膜	电视、手机、平板显示等
热管理材料	石墨烯散热材料	平板电脑、手机、LED发光体、卫星电路等
防腐材料	石墨烯防腐涂层	汽车、轮船、铁路、管道等
代替硅生产电子产品	石墨烯晶体管	芯片、手机、电脑等

石墨烯的原材料是石墨，所以石墨烯生产企业还需依赖石墨开采加工企业提供原材料，而且生产时依据其制备方法的不同需要一些专用设备和辅助材料(表2.5)，这类产品的生产方相对于石墨烯及其应用产品生产企业来说为上游原材料的供应方。根据统计，石墨烯领域中有17.9%的企业同时从事石墨开采加工，1.99%的企业范围包括石墨烯设备，因此许多石墨烯生产企业需要寻找上游企业搭建合作，此时这些需要上游原材料、设备生产方提供的企业并不处于产业链中的最上游，中游的位置较为适合这些企业，而石墨烯产业中尤以石墨烯及其应用产品生产的企业为多数，符合了Castellacci对于批量商品生产产业在产业链中的定位，也从另一角度证明了石墨烯产业具有以科学为基础的产业特征。但是Pavitt(1984)、Castellacci(2008)对于以科学为基础的产业特征描述在石墨烯产业中也并不完全适用。例如二者皆认为以科学为基础的企业规模较大，因为研发需要大量的资金和人员，但是在石墨烯领域中小型、初创型公司占据多数，中型和大型企业数量较少(余新创，2017)，其原因后面将给予一定的解释。

表 2.5　石墨烯主要制备方式所需材料和设备

制备方式	原材料	辅助材料	所需设备
机械剥离法	石墨、金刚石等	十二烷基础酸钠水溶液等	超声振动装置
氧化还原法		浓硫酸、浓硝酸、高锰酸钾、硼氢化钠、水合肼等	超声处理设备
隔层法		碱金属、浓硫酸、浓硝酸、高锰酸钾等	超声处理设备
液相剥离法		溶剂	石墨烯超声波设备
外延生长法		单晶碳化硅等	热壁式外延炉等
化学气相沉积法		甲烷、乙醇、铜基底	CVD 管式炉等

2.3.2　专业供应商的产业特征

石墨烯及其应用产品在终端产品中多为基础材料或基础零部件,因此其生产商成为下游用户的供应商。Castellacci(2008)将专业供应商划分至先进知识提供者产业中,并且处于产业链上游,其认为这类产业为其他产业部门提供先进的知识和技术,代表其他产业部门所依据的支撑性知识基础,产业中的企业需要与它们产品用户和服务对象之间保持密切沟通以促进企业进一步的技术开发。

(1) 石墨烯产业为其他产业提供基础材料和零部件,而其自身为高科技产业,因此产品中包括较高的知识和技术含量,在提供产品的同时也提供了石墨烯背后所包含的科学技术知识,正如 Larsen(2011)所说,购买科技产品的同时也购买了其背后的科学知识。例如以石墨烯为基础的等离子振荡技术可以让新颖的光学设备响应不同的频率波段,从太赫兹到可见光,而制作太赫兹的发射器和探测器是一项可以应用于半导体制造中的非常必要的技术,因此当企业在半导体制造中使用石墨烯材料,便是采用了其在太赫兹波段上的响应技术。

(2) 由于产品定位，石墨烯企业对下游用户的依赖性较大。作为基础材料或基础零部件，石墨烯产品需要与其他共同应用于下游产品的零部件相契合才能发挥出最佳效果，而具体的零部件信息以及应用环境需要下游用户提供，生产方再根据此信息对产品进行调整。2018年7月，一家石墨烯企业相关负责人接受研究组访谈时表示，为防止产品成型后不方便更改，越来越多的石墨烯企业在产品未制备完成前，如在样本阶段，通过一些平台寻找下游用户，然后再根据用户需求对产品或技术样品进行调试，为用户生产定制产品。石墨烯企业将用户需求视作其技术或产品改进的依据，符合Castellacci(2008)对专业供应商产业的特征描述。Pavitt(1984)在阐述专业供应商的概念时，将汽车生产者与其供应商之间的关系进行的比喻，在石墨烯产业中也同样适用。例如石墨烯柔性透明导电薄膜，可作为触摸屏用于电视、平板等大型显示屏，触摸屏作为手机等产品的一部分，相当于汽车玻璃与汽车之间的关系，因此石墨烯柔性透明导电薄膜生产商可能是手机生产商的供应商。同时，石墨烯柔性透明导电薄膜需要适应于应用屏幕大小，还要与显示面板、传感器等其他零部件相契合，因此用户的要求指引着生产方的加工方向，二者需要保持密切沟通。

(3) 近年来，技术逐渐多元化(顾建光，吴明华，2007)，技术也更加细化，这为更多的供应商提供了更多的独家领域，更方便其创造属于自己的"独门绝技"，而Klepper认为"独门绝技"(expertise)也是企业进入市场并保持竞争力的资本(吕志奎，2006)，因而技术的细化为专业供应商的增加提供了机遇。无论是Pavitt(1984)还是Castellacci(2008)都认为专业供应商中的企业规模较小，这也符合石墨烯产业现状，但是两位学者对这类产业的定位较偏向于机械和设备生产商，这与本书研究的定位视角为石墨烯及其产品在终端应用中的位置有一定的区别。本书认为，对于专业供应商的判断不能仅以其生产内容是否是产品生产所需的设备或机械为标准，而应是以其产品在终端应用中所处的位置为标准，这也是本书对于Pavitt(1984)或Castellacci(2008)产业分类中的理论创新。

因此，石墨烯产业可能向以科学为基础和专属供应方制造产业的混合体偏移,可能无法完全对应 Pavitt(1984)、Castellacci(2008)、Bogliacino 和 Pianta(2016)中某一项产业分类,这也是基于案例产业的调整,同时多种产业类型的融合可能成为包括石墨烯产业在内的未来其他前沿领域产业发展趋势,且在当前发展语境下已体现,这可能也是新时代语境下赋予产业分类的新特征。上述统计中约36%的企业提供石墨烯相关技术服务,主要表现为石墨烯技术转让(知识产权的出让、申请)和技术咨询,围绕具体技术和知识的解决方案,这便是Castellacci(2008)对知识密集型商业服务产业的定义,而其与专业供应商同属于先进知识提供者产业。技术转让和技术咨询主要围绕知识信息展开,这也是当今信息和传播技术流行语境下传统制造业开始寻求信息服务的经营拓展,所以在 Bogliacino 和 Pianta(2016)的产业分类中其将规模密集型制造业和信息密集型产业统归至规模和信息密集型产业,也表示传统制造业与信息产业的融合。但是本书并不将知识密集型商业服务产业作为单独的产业,因为其在 Castellacci(2008)、Bogliacino 和 Pianta(2016)的产业分类中名称不同并且分类也不同,而且石墨烯产业主要还是归属于制造业,其主要产品依旧是石墨烯及其应用产品,提供相关服务只是这些企业的附属经营范围,而且仅从事石墨烯行业服务的企业只占2.03%,不具有显著性。

2.4 公共政策工具及其不同层面的分类

本书以政府为参与主体的公共管理层面所推行的代表性政策和行为措施为视角,探讨国内石墨烯产业创新中同步创新模式形成的外部原因及其所需要的管理支撑条件。吕志奎(2006)、顾建光和吴明华(2007)认为,行为措施和政策只要是执行者或决策者为实现某一管理任务或目的所使用,就同属于政策工具。本书所列举的政策和行为措施成为国内以政府为主导的公共管理主体为推行和维护国内石墨烯产业同步创新模式所使用的工具，也是为推进国内石墨烯产业创新进程所使用的工具，符合政策工具的定义。同时行为措施也需通过政策来倡导和体现，因而对同步创新模式形成外部因素的讨论属于对公共政策工具的探讨。本书通过政策工具的视角分析国内以政府为主体的公共管理层面如何在石墨烯产业中构建同步创新模式的发展环境，并且依据 Rothwell（1985）、Edler 和 Georghiou（2007）、苏竣（2014）、Cohen 和 Amorós（2014）对政策工具在技术产生影响的层面分类，分析本书列举的代表性公共政策工具的类型分布和特征及其对同步创新模式形成带来的影响。

奥文·E. 休斯（2007）、陈振明和薛澜（2007）、苏竣（2014）认为公共政策是公共管理中的重要手段，其定义在不同学者眼中也不同。奥文·E. 休斯认为可以找到公共政策的界定，但难以准确的方式为其下定义，认为公共政策的界定包括："关于目的的声明、目标规划，适用于未来行为的一般准则、重要的政府决策、可选择的行动路线或方案、采取或不采取行动的后果甚至政府的所有行为。"陈振明、薛澜认为公共政策是国家机关、政党及其他政治团体在特定时期为实现或服务于一定社会政治、经济、文化目标所采取的政治行为或规定的行为准则（陈振明，2003；陈振明，薛澜，2007）。苏竣（2014）在肯定陈振明对于公共政策的定义的基础上，补充说明了公共政策是对于一系列谋略、法律、法令、措施、办法、方法、条例等的总称。虽然上述对公共政策的定义有区别，但是存在以下共同认识：第一，政府被认为是公共政策执行的主体，同时也是公共政策的主要产出之地（休斯，2007）；第二，公共政策的制定具有一定的目的性，是为了实现某类管理任务或目的而使用的；第三，公共政策包含的形式多样。其中第二点强调了公共政策成为实现某一管理任务或目标的工具，也正如 Howlett（1991）所认为的政策执行就是工具选择的管理过程。这激发部分学者从另一个视角看待政策的属性与本质，即政策工具的视角，进而也开启了公共政策研究的另一路径。

受到杜威工具主义观点的启发，20 世纪 80 年代后政策工具的研究论著开始大规模出现于公共管理研究领域（苏竣，2014）。工具主义属于哲学范畴,因为杜威把思想作为工具,用以寻找解决经验中存在问题的方法,所以他提出了工具主义,后来也被称作实用主义(李培囿,1957)。如果将工具主义的概念应用于政策,即政策是为实现某种目标或解决某类问题而使用的方法,而这也是众多学者对于政策性质的另一种解读。例如,Howlett 和 Ramesh(1993)认为政府管理的方式是政策,吕志奎(2006)认为政策执行的实质或过程总是包含着在可以利用的工具箱中选择一种或几种政策工具,贾路南(2017)认为公共政策工具可以被视为达到公共管理目标的方法。这种以工具的视角看待政策形成了"政策工具"(policy instruments or tools of government)的概念。

20世纪80年代以后,政策工具因 Hood 的《政府的工具》、Peters 和 Nispen 主编的《公共政策工具》等著作的发表而被众多学者纳入研究领域(苏竣,2014),但是至今为止,仍尚未形成一个被广泛接受认可的标准化定义。

有的学者认为政策工具是政府为提升政策效果所使用的工具,例如 Linder 和 Peters(1989)认为政府用来实现其政策目的所使用的工具,包括精神劝说、现金鼓励,以及政府服务条款,而这些大部分都被写在政策中,因而成为政策工具;Howlett 和 Ramesh(1993)认为政策工具是政府为提升政策效用而采用的相当有限的方式和方法。

还有的学者认为政策工具的使用目的不限制于政策影响力方面,而在于可以应用的许多方面。例如 Ostrom 认为政策工具可以被看作为了影响某些行为领域而有意设计的制度规则的不同结合(贾路南,2017)。吕志奎(2006)认为政策工具是政府能够用以实现特定政策目标的一系列机制、手段、方法与技术,是政策目标与政策结果之间的纽带和桥梁。顾建光和吴明华(2007)认为政策工具是决策者或实践者实际采用或在潜在意义上可能采用来实现一个以上目标的任何东西。这些学者认为政策工具是包括政府在内的主体实现目标而采用的方法、手段或工具,而执行主体不局限于政府,这些目标因政策所致力的目标不同而不同,同时形式也丰富多样。作为本书研究对象的政策主要为石墨烯领域的创新政策,探讨其作为实现国内石墨烯产业同步创新所发挥的作用,所以其在研究视角中符合政策工具的定位。Cohen 和 Amorós(2014)认为创新政策本身便是政策工具,公共政策工具可以帮助加快可持续性创新发展和扩散,并可以支持本地经济发展。Lundvall 和 Borras(1999)认为创新政策具有提升新产品以及服务发展和扩散的作用,同时可以支持当地经济和社会发展,所以创新政策便是一种政策工具。

公共政策工具成为公共政策研究中的一种路径,包括不同的分类方式。顾建光和吴明华(2007)从政策工具的使用方式上将政策工具分成三类:管理类政策工具、激励类政策工具、信息传递类政策工具。徐媛媛和严强(2011)以"资源"作为依据,将政策工具分为管制性、经济性、信息性、动员性及市场化,每类工具分别包含"次政策工具",即具体的工具形式。也有学者依据政策对技术产生的不同影响进行分类,这符合本书基于技术创新政策的定位。此项分类方法由 Rothwell 和 Zegveld(1985)提出,主要分成供应面政策工具(supply side tool)、环境面政策工具(environmental tool)和需求面政策工具(demand side tool),并且列举了不同层面政策工具的具体表现。Rothwell(1985)后期在其另一篇文章《再工业化和技术:走向国家政策框架》(Reindustrialization and Technology: towards a National Policy Framework)中对各类政策工具的具体表现进行了扩充,并列举和调整了部分具体表现(表 2.6)。

苏竣(2014)沿用了该分类方式,在对不同政策工具的具体表现进行了调整的同时,也对各类政策工具进行了定义。供应面政策工具,倾向于政策工具对科技活动的推动力,指政府通过人才、信息、技术、资金等手段直接扩大技术的供给;环境面政策工具,更多地表现为政策对科技活动的影响力,具体指政府通过财务金额、税收制度等政策工具改善科技发展的环境因素,为技术创新提供有利的政策环境;需求面政策工具,指政府通过采购与贸易管制等措施减少市场的不确定性,积极开拓并稳定新技术应用的市场,从而拉动技术创新。

也有学者将政策工具分成两类。Edquist 和 Hommen(1999)认为创新政策可以分成以供应方为主导的创新政策和以需求方为主导的创新政策两类。Edler 和 Georghiou(2007)沿用了该观点,同样也出于政策在技术创新层面的影响将政策工具分成两个层面,即供应面政策工具和需求面政策工具。他们认为供应面政策工具主要为刺激创新类的政策,并将其再分成资金(finance)和服务(service)两个类别,其中资金类别下包括设备支持等五个子类别,服务类别下包括信息和佣金支持、构筑关系网或集群措施两个子类别(表2.6)。需求面政策工具定义主要聚焦于创新政策,即通过增加对创新的需求、定义产品和服务的新功能要求或更好地阐明需求来促进创新或加速创新扩散的所有公共行为措施(休斯,2007)。由于分类层面的不同,各具体表现的归属类别在上述学者的分类中也存在争议,例如"税收优惠"和"规章制度",在 Rothwell 和 Zegveld(1985)、苏竣(2014)的分类中属于环境面政策工具,而在 Edler 和 Georghiou(2007)的分类中前者属于供应面政策工具,后者属于需求面政策工具。

表2.6 不同层面政策工具具体表现的代表性观点

分类来源	供应面政策工具	环境面政策工具	需求面政策工具
Rothwell 和 Zegveld（1985）	企业 科学和技术发展 教育 信息	财政支持 税收优惠 法律法规 政治措施	采购 公共服务 商业化协议、合同等 国外代理
Rothwell（1985）	研发授权 技术上专业知识 技能高超的劳动力	规章制度 有计划的程序 专利政策 财政政策 对产业的态度 宏观经济政策 刺激社会接受新制度	大量公共采购 对现有产品创造有质量的需求 趋向公共购买的创新 军事空间、电信、医院、交通、能源、教育、办公室等承保购买创新设备的成本

续表

分类来源	供应面政策工具		环境面政策工具	需求面政策工具
	资金	服务		
Edler 和 Georghiou（2007）	设备支持 财政措施 公共部门研究支持 培训和交流支持 为产业研发授权	信息和佣金支持 构筑关系网或集群措施		系统政策 规章制度 公共采购 支持私人需求
苏竣（2014）	教育培训 科技信息支持 科技基础设施建设 科技资金投入 公共服务		目标规划 金融支持 税收优惠 知识产权保护 法规管制	公共技术采购 消费端补贴 服务外包 贸易管制 海外机构管理

注：Edler 和 Georghiou 所列举的具体形式有更为详细的内容，由于篇幅限制并未列入表中。

资料来源：Rothwell R，Zegveld W，1985. Reindusdalization and technology[M]. London：Logman Group Limited：83-104.

Rothwell R，1985. Reindustrialization and technology：towards a national policy framework[J]. Science and Public Policy，12(3)：113-130.

Edler J，Georghiou L，2007. Public procurement and innovation：resurrecting the demand-side[J]. Research Policy(36)：949-963.

司托克斯，1999. 基础科学与技术创新：巴斯德象限[M]. 周春彦，谷春立，译. 北京：科学出版社.

苏竣，2014. 公共科技政策导论[M]. 北京：科学出版社.

政策工具的分类多用于案例领域政策统计、特征分析或效果比较的研究中，其中三分法在国内学术研究中较为流行。例如 Lin 等（2013）聚焦于中国与美国国家智能电网产业中创新政策在各政策工具类型中的分布比较；白彬和张再生（2016）选取 2008—2015 年 33 个创业拉动就业的政策文本作为分析样本，将涉及的基本政策工具分为供给型政策工具、环境型政策工具和需求型政策工具三类，并分别进行统计分析；刘云等（2017）对我国

"十二五"期间颁布的国家创新体系国际化相关政策文本进行收集、编码、统计，其中一项统计指标便为供应面、需求面和环境面三类政策工具；王静等(2018)对 2004 年以来中国新能源汽车产业相关的 105 份政策文件进行文本分析，结果发现环境面政策工具运用最多，供应面政策工具运用次之，需求面政策工具运用最少。

Edler 和 Georghiou(2007)的两分法在国外学术研究中较为流行，主要集中于比较二者推行效果差异。Cohen 和 Amorós(2014)比较支持可持续创新和当地经济发展创新政策中供应面与需求面政策工具的效用，发现供应面政策工具在支持清洁技术更新中并未产生积极作用。Guerzoni 和 Raiteri(2015)发现需求面政策工具中的公共采购似乎比其他工具更有效，而供应面补贴所发挥的效用并不同于以前研究报告所显示的结果。Hagem 和 Halvor 则对供应面政策的作用发挥持乐观态度，发现未来单向的供应面政策工具在控制外国二氧化碳的排放量上具有明显效果，并且通过计算得出消费税和生产税的最佳组合方式(Edquist, Zabala-Iturriagagoitia, 2012)。

采购是需求面政策工具中议论较多的政策工具，并且 Nikolaus 和 Sune 也发现当前研究采购方面的文章逐渐增多，因为公共采购主要为企业带来下游市场的需求，重视需求创新扩展和发展中的重要性(Edquist, Zabala-Iturriagagoitia, 2012)，体现了需求面政策工具的准则。除了上面列举的 Edler 和 Georghiou(2007)、Guerzoni 和 Raiteri(2015)持相同观点外，Saastamoinen 等(2018)认为公共采购带来的创新效益高于私人部门消费者。本书通过分析国内以政府为参与主体的公共管理层面如何促进和维护同步创新模式，探寻政府采取的政策工具具有何种倾向和特点，故而需要使用政策工具的分类层面。本书涉及技术创新且所罗列的政策覆盖政策工具的多个层面，同时苏竣(2014)关于政策工具分类观点所提出的时间与本书的研究时间差距较小，而且对不同政策工具类别的定义和具体表现归纳较为清晰，因此，本书将苏竣对政策工具的分类作为主要参考。

本章小结

　　本章分析的理论为本书开展研究基于的主要理论。同步创新模式贯穿本书分析的主线,产业类别为确立石墨烯产业类别和创新阶段的文献基础,同时其衍生出的产业特征和技术轨迹是分析同步创新模式产生的内部原因参考的理论基础,涉及本书的第 3 章和第 4 章。同步创新模式产生的外部原因作为本书的另一方向,主要基于以政府为参与主体的公共管理层面,并且以政策和行为措施为主要对象进行分析,故采用公共政策工具视角,其分类为本书分析国内所采用的促进和维护同步创新模式政策工具特征提供理论基础,涉及本书的第 5 章。本书还涉及巴斯德象限和用户创新两个理论,但是这两个理论主要为后续研究分析所引出,例如巴斯德象限是依据石墨烯科学研究发展历史而引出其经历了从玻尔象限转化至巴斯德象限的过程,而用户创新是依据对政府所推行的公共政策工具分析而引出的,故将这两个理论于具体章节中进行阐述分析。

第 3 章
同步创新模式在中国石墨烯产业创新中的应用

本书研究的目的在于探索同步创新模式在前沿领域中产生的技术条件,首先需证明国内石墨烯产业创新过程中存在同步创新模式。同步创新模式主要指不同创新阶段在一段时间内同时发展,不同于线性创新模式中对时间顺序的强调。创新是一个动态的过程,与发明(invention)不同,发明是指发现一种新的存在,主要诞生于实验室或工作室(Roberts,1988),这是一个漫长的过程。而创新包括发明(Tidd,Bessant,2013),是指第一次使用发明,主要发生于市场中(Roberts,1988),强调只有经历并完成商业化阶段的发明才可以称为创新(Arora et al.,2016),所以创新的阶段包括一个理念从产生到商业化的过程。

3.1 石墨烯创新阶段的划分

创新包括许多阶段,不同学者对于创新阶段的划分观点不同。早期 Stevens(1999)、Zahra 和 Nielsen(2010)等学者认为创新包括四个阶段:科学研究、技术应用、产品商业化/市场化、形成新知识,到了后期学者们对于创新的目的产生了新的认识,进而提出了新的创新阶段,例如 Tidd 和 Bessant(2013)认为创新大致包括四个阶段:概念产生、项目评估和筛选、产品发展、产品商业化。这也代表学者开始倾向于创新的终极目的为应用,而非刺激下一步科学探索,这与学者们强调创新与发明概念区别的出发点相同。也有的学者注重创新的起源,进而不同起源引发创新的不同阶段。例如,Hyysalo 和 Usenyuk(2015)强调市场(用户)需求对创新的重要性,进而将对需求拉动的创新活动大致分成需求识别、概念形成、发展和商业化/扩散四个阶段,而"需求"是引发概念形成的基础(Tidd,Bessant,2013)。

上述学者对创新阶段的概括较为全面,但是运用于具体产业中依旧存在分歧,所以本书认为创新阶段应依据产业特性进行划分较为合适,不同的产业具有不同技术制度,而不同技术制度决定了其不同的技术轨迹(Bogliacino,Pianta,2016),这也是技术创新所沿袭的路径。例如服务产业与以科学为基础的产业,二者创新过程存在差异。服务产业中如软件服务产业,主要围绕客户核心业务(王建平 等,2010),对科学研究的依赖程度远低于以科学为基础的产业,这便导致科学研究在二者创新阶段中的地位不同。同时市场需求是软件服务产业创新的主要动力(黄晓卫,2011),而在以科学为基础的产业中,科学研究与市场需求皆是创新的重要来源(Castellacci,2008),因此科学研究是该产业中不可或缺的创新阶段,但是在软件服务产业中并不一定需要。

石墨烯具有以科学为基础的产业特征,同时在国际标准化组织(ISO)所设立的标准中被归为"纳米技术",Schmoch(2007)在对创新模式进行刻画时,将纳米产业的创新过程概括为科学研究、技术应用和市场化三个阶段。后来这个过程被进一步细化,Phaal 等(2011)在研究以科学为基础的产业创新中,认为其需经历四个阶段,即以科学为主导的出现模式(science-dominated emergence)、以技术为主导的出现模式(technology-dominated emergence)、以应用为主导的出现模式(application-dominated emergence)和以市场为主导的出现模式(market-dominated emergence),也被称为"S.T.A.M"模型。上述四个阶段在创新中以线性顺序"科学→技术→应用→市场"依次出现(图 3.1),以科学为主导的出现模式位于初始阶段。该理论模式后来被 Bogers 等(2016)、Li 等(2015)用于增材制造、太阳能光源等以科技为基础的技术产业化进程的阐述中。但是石墨烯又具有专业供应商产业的特征,下游应用方的需求也是创新的重要依据,这可以借鉴上面提及的 Hyysalo 和 Usenyuk(2015)强调用户需求的创新过程。石墨烯产业中的"概念"需要参考市场需求和技术基础双重标准,进而进入科学研发阶段,因此只强调"需求识别"较为片面,应为"技术基础+市场需求",但是本书认为如果将创新过程设为"技术基础+市场需求→概念形成"较为烦琐,同时"技术基础+市场需求"是形成概念初期所需进行的过程,可以将二者合并至"概念形成"阶段。"概念形成"后需进入科学研究阶段进行发展,以实践或改进"概念",并为下一步发展提供技术来源。专业供应商与以科学为基础

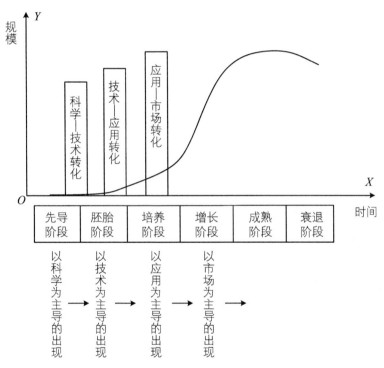

图 3.1 Phaal 等(2011)总结的以科学为基础的产业化出现阶段

资料来源:Phaal R,O'Sullivan E,Farrukh C,et al.,2011. A framework for mapping industrial emergence[J]. Technological Forecasting & Social Change,78(2):217-230.

的产业在创新过程上并不存在较多冲突,主要是创新来源方面的分歧,具体表现在创新的初始阶段上,而后续过程可以延续 Schmoch(2007)、Phaal 等(2011)具有共识度的产业创新过程,因此石墨烯创新大致分为"概念形成、科学研究、技术应用和市场化"四个阶段。

3.2 石墨烯产业发展周期

为了更详细地了解同步创新模式在国内石墨烯产业中的发生时间以及现阶段国内石墨烯产业发展所处阶段,本书将石墨烯产业发展划分为不同周期,这样的划分主要基于产品生命周期理论。关于产业发展周期,学术研究上有不同的表述,其中产品生命周期为广大学者所接受。早期的产品生命周期主要分为三个阶段。Vernon 最早提出产品生命周期理论,其依据产品进出口发展趋势将产品生产分为导入期、成熟期和标准化期(Tenold, 2009)。Utterback(1975)依据产出增长率将产品生命周期划分为流动、过渡和确立三个阶段。

后来产品生命周期扩展至五个周期,并沿用至今。Gort 和 Klepper(1982)依据生产者数量变化趋势将产品生命周期划分成五个周期(图 3.2),每个周期只用数字表示。第一周期从第一个生产者将新产品介绍至市场开始,以涌现大量新竞争者进入市场结束,这个周期市场上生产者数量相对较少。第一周期持续时间长度与复制仿效最初创新者的难易程度有关,与潜在进入者数量、新产品第一次被介绍至市场后的规模等因素相关。第二周期为创新者数量快速增加时期,指净进入率起飞至下降的时间区间,这个周期在整个产业化发展过程中只出现一次。第三周期开始,净进入率出现下降趋势并且逐渐趋于 0,因为此时进入者数量与退出者数量开始持平,所以第二至第三周期中生产者数量持续增加,只是增加率逐渐变小,至第三周期进入者数量达到顶峰,同时进入者数量和退出者数量达到平衡。第四周期进入者数量不敌退出者数量,进而生产者数量开始下滑,直至下降到某一个点,产品生命周期进入第五周期。第五周期为第三周期中净进入率为 0 的复制版,但是此时不再出现大量的生产者进入或退出的情况,生产者数量不会出现较大起伏,并一直持续到下一个新的产品生命周期开启时。这也被称为 G-K 模型,但是 Gort 和 Klepper(1982)强调每个产品的发展可能不会完全经历上述五个阶段,五个阶段只是就一般情况而言的。

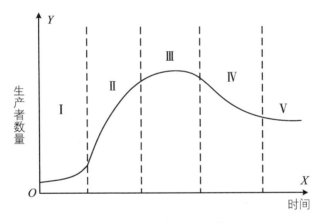

图 3.2　Gort 和 Klepper 提出的产品生命周期

资料来源:Gort M,Klepper S,1982. Time paths in the diffusion of product innovations[J]. Economic Journal,92(367):630-653.

Gartner 公司从 20 世纪 90 年代开始发布技术报告,并形成技术成熟曲线(the hype cycle),与"G-K 模型"接近,共有五个周期,分别为技术萌芽期、期望膨胀期、泡沫化的谷底期、稳步爬升的光明期、实质生产的高峰期(Jun,2012),只是将 G-K 模型中的第二周期和第三周期合并为"期望膨胀期",第五周期拆分为"稳步爬升的光明期和实质生产的高峰期",而第四周期对应"泡沫化的谷底期"。后期 Schmoch 对产品生命周期的第五周期进行了进一步调整,认为从谷底期到进入成熟期之间存在第二次生产者数量增加时期,也被称为第二次巅峰,因此其产品生命周期也被称为"双峰模型",对

Gort 和 Klepper(1982)认为的快速增长期(第二周期)不能被复制形成一定的冲击(Schmoch,2007)。但是无论何种模型,生产者数量的快速增加主要处于产品生命周期的第二周期。G-K 模型依据净进入市场企业数量的变化确立产品发展周期,相较于其他发展周期对于不同周期的界定更加清晰,同时也作为后面多种产业发展周期划分的参考,因此本书将以 G-K 模型作为石墨烯产业周期划分的依据。

G-K 模型对于产品生命周期的归纳基于净生产者进入数量,但是本书聚焦于石墨烯产业,因此只观测生产者数量未免不够全面,同时石墨烯产业具有以科学为基础的产业特征,而仅凭企业数量不能体现以科学为基础产业的发展历程,因此本书参考 Schmoch(2007)在描绘双峰模式时所使用的方式,根据论文、专利和企业数量描绘产业发展历程。论文作为科学研究的重要表现形式,也是以科学为基础产业的重要产出,而专利是科研成果走向技术应用的重要标志,也是技术应用的重要成果,因此论文、专利和企业数量是产业化中科学研究、技术应用和市场化三个阶段的表征,通过这三个阶段可以更加全面地审视产业化发展现状,并对关于产业发展的特征描述和背后原因解释进行新语境下的调整。由于三者数据增减起伏不同,因此无法根据三者同时确立产品生命周期不同阶段,本书依据 G-K 模型中确立周期的方式——净进入数量变化(Gort,Klepper,1982),但是在描述每个阶段时融入论文和专利数量变化,由于统计结果发现论文和专利出现的时间早于第一家企业出现的时间,而 G-K 模型中第一周期开始于第一家生产者的出现,所以在出现了论文和专利而未出现第一家生产者阶段的视为"初期",即先于第一周期的时期。产品生命周期是个变化的概念,因为涉及过去企业数量的增减趋势,这是一个相对的概念,所以本书中产品生命周期是以国内石墨烯企业自产生之年(2010 年)至 2017 年 12 月 31 日为时间范围的增减趋势变化来划分的。

3.3 石墨烯产业创新中同步创新模式的研究方法

3.3.1 时间点的确定

为了描述石墨烯产业发展趋势以及确定同步创新模式是否存在,需要通过可测量性数据来表征石墨烯不同创新阶段的发展趋势以及确立其产业发展周期,因此不同创新阶段需具有可以代表并可被测量的表征物(Martino,2003)。前面将石墨烯创新阶段划分成概念形成、科学研究、技术应用和市场化四个阶段,但是"概念"较为抽象,无法寻找较为合适并且可测量的表征物,因此在石墨烯产业发展趋势的可视化刻画中无法包括概念形成阶段。Granstrand(2010)认为产品生命周期具有三个重要的时间点——技术成功时间点、市场化成功时间点、经济化成功时间点,其中技术成功时间点可以以专利为标志,市场化成功时间点可以以第一次商业化应用时间为标志,经济化成功时间点可以以可接受的市场盈利出现的时间点为标志。但是本书研究的对象为具有以科学为基础的产业特征的石墨烯产业,而上述三个时间点忽视了石墨烯创新中的重要阶段——科学研究阶段。论文被誉为科学研究阶段的主要成果(Moed et al.,1995),所以本书以国内石墨烯论文的发表表征科学研究阶段,这也最终确立了以国内发表论文、申请专利和经营企业数量分别象征石墨烯科学研究、技术应用和市场化的三个阶段,与Schmoch(2007)确立"双峰"创新模式所采用的方式相同。当可被测量的表征物确立后,其背后所代表的不同创新阶段的初始时间以及高速发展期也可以被数据化。中国石墨烯产业创新科学研究阶段产生的初始时间点可以通过初篇论文发表的时间点来替代,而技术应用阶段产生的初始时间点可以依据 Granstrand(2010)所提出的通过专利注册日期来替代。不同学者对于不同阶段的象征物具有不同看法，Kim(2015)和 Daim 等(2006)认为新兴公司是市场化的代表性表现，而 Gerken 等(2015)认为可以利用产品销售量象征市场化阶段，但是考虑到石墨烯作为前沿领域其产品销售量暂时有限，同时其数据收集难度较大，准确性参差不齐，因此本书选择新兴公司创办时间点来象征市场化产生的初始时间。

产业不同创新阶段的发展可能会出现一定程度时间上的重合，但不能被简单视作同步创新模式，因为不同阶段的出现和停滞并不完全是无缝衔接的。Martino(2003)通过文献计量学对创新周期进行预测时认为其呈现线性创新模式，指出当前阶段到达巅峰并开始下降时才是后一阶段产生的时间，不同阶段依次遵循该顺序，具有传统线性模式的特征，因而所有的技术创新阶段无法在同一时间段上升，只在上升和下降中交错进行，同时相隔的技术生命周期也可能无法重叠(图 3.3)。在 Martino(2003)的模式中，前一阶段的下降期和后一阶段的上升期可能会同时进行，但是两个阶段的上升期不会同时进行，进而思考通过不同创新阶段上升期的同步发展来判断同步创新模式的存在，而上升期可以表现为高速增长期。前面提及高速增长期的出现除了技术自身具有较大发展前景外，也源自社会各界的高度重视，同时，不同创新阶段高速增长期的重叠相较于其他发展时期的重叠在相同时间节约成本下提升的效率是最高的，所以本书在判断产业是否具有同步创新模式时主要聚焦于不同创新阶段高速增长期是否在时间上重合。

关于高速增长期兴起时间点的衡量，依赖于 Loglet Lab 4 软件对中国石墨烯领域论文、专利和经营企业净数量(进入市场企业数量和退出市场企业数量)历年变化率的分析，将增减较大的多个年份变化率置于坐标轴上并绘制出一条曲线。上升曲线幅度越大代表该时间段增长速度越快，即该产业化阶段进入高速增长期，因此标注在曲线上的起始年份代表高速增长期的初始时间。高速增长期是个变化的概念，同时面对前沿技术当前和十年后数据测算得出的高速增长期可能会存在差异，所以本书中的高速增长期仅指中国石墨烯产业创新各阶段自其兴起时间至 2017 年 12 月 31 日之间发展比较迅速的阶段。

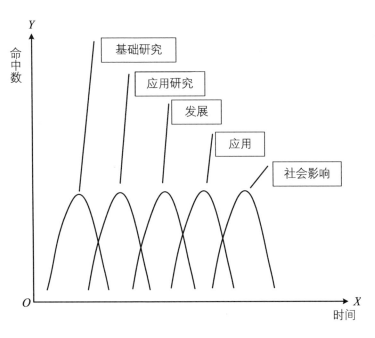

图 3.3 Martino 通过文献计量学对创新周期的预测
资料来源：Martino J P,2003. A review of selected recent advances in technological forecasting[J]. Technological Forecasting & Social Change,70(8)：719-733.

3.3.2 文献计量学

文献计量学可以运用于识别热门技术、评估技术发展阶段和进行技术预测。Norton(2001)提出可以通过对文献和文本的数据分析捕捉隐藏信息，其代表性做法便是通过对论文、专利、新闻报道、文章作者、关键词等一系列评估科学的有限信息的计算和分析，探析许多学科的发展状况

(Gautret et al.,2017),例如 Cao 等(2013)、Marzi 等(2017)通过文献计量学方式分别对 1997—2011 年腹腔镜检查的研究趋势以及制造业企业 1985—2015 年的产品和工艺创新趋势进行评估与预测。

此次数据收集包括中国石墨烯领域发表论文、申请专利和经营企业,收集日期从该数据出现日期至 2017 年 12 月 31 日。论文数据来源于 Web of Science 核心合集数据库,检索方法为在"主题"检索栏输入"石墨烯"(graphene),"国家或地区"检索栏输入"中华人民共和国"(the People's Republic of China);检索时间为 2018 年 12 月 15 日。专利数据来源于 2018 年 9 月中国科学院宁波材料技术与工程研究所联合国家知识产权局等六家单位发表的《2018 石墨烯技术专利分析报告》(王国华 等,2018),统计时间为 2018 年 8 月 29 日,统计范围为中国境内(不包含港澳台地区)。企业数据来源于启信网,检索条件设定"经营范围"为"石墨烯",检索时间为 2018 年 5 月 17 日。

检索后的企业数据再进行三步人工筛选。第一步,删除仅从事石墨烯及相关产品或者设备销售、批发、安装等业务的公司,其原因主要有两个:其一,根据《弗拉斯蒂卡手册》(第 6 版),产品销售、工装准备、科技信息服务和产品服务不属于研发范畴(经济合作与发展组织,2010),因此,仅以此为经营范围的企业不具备科学研究的功能,对于将石墨烯产业分成包括科学研究在内的 3 个阶段不相符;其二,仅从事销售、批发和安装的公司不生产石墨烯产品或设备,属于零售业范畴,不属于本书聚焦的生产产业链,所以暂不纳入统计范围。第二步,考虑到部分企业成立初期并没有涉及石墨烯业务,因此为减少误差,企业时间统计以"工商变更"系统中石墨烯被纳入经营范围的日期为准。第三步,根据 G-K 模型中产品生命周期以经营者净进入量为划分依据,所以在统计企业进入者数量的同时,还需统计企业退出者数量。统计方法为先列出启信网中登记"注销、吊销、停业"的企业和经营日期(非注册日期),在"国家企业信用信息公示系统"中查询其注销、吊销和停业日期,减去经营日期便是其存活年限,统计时间为 2018 年 5 月 20—23 日。数据收集的同时便可以获知首篇论文、首个专利和首家企业的诞生时间,从而确认中国石墨烯产业创新科学研究、技术应用和市场化阶段产生的初始时间。

3.3.3　基于 Loglet Lab 4 软件的分析

Loglet Lab 为洛克菲勒大学开发的技术预测软件,通过 Logistic 曲线等对数据进行计算和 S 技术曲线适配,最后以曲线图的形式剖析技术过去发展阶段,并描绘未来技术发展趋势(Meyer et al. ,1999)。使用的版本为 Loglet Lab 4,于 2017 年 1 月 26 日更新,除了之前的 Logistic 曲线外,还融入了 Gompertz 曲线和 Richards 曲线。这三种曲线的区别主要是计算方法以及对未来预测时间范围不同。本书主要运用 Loglet Lab 4 软件的变化率分析和反曲点计算功能。根据 Loglet Lab 4 软件对研究中收集的石墨烯领域发表论文、申请专利和经营企业净数量的计算并分别适配三种曲线,得出各阶段自诞生以来至 2017 年发展态势反曲点和不同年份变化率。软件自动将变化速度较快几年的变化率录入坐标轴内,然后依据坐标点绘制曲线图,曲线的伸展变化趋势直接反映出高速增长期所处的时间段。同时可以通过不同年份变化率的坐标点分析出增减幅度,从而判断不同产业化阶段是否进入饱和期。选择此软件的原因之一在于 Loglet Lab 4 软件具有变化率分析功能,可以避免过往增长率计算中初期基数数值较小而造成的增长比例误差较大的情况。同时最后绘制的曲线图较为直观地展现了高速增长期的时间段和初始时间点。需要说明的是,本书的研究仅采用 Loglet Lab 4 软件对中国石墨烯领域过去变化率和反曲点的分析结果,其他分析功能结果不采用。

3.4 同步创新模式在石墨烯产业中的应用表现

经统计,中国石墨烯领域的首篇文章于1994年发表,首个在国内申请的专利于2003年诞生,国内首家石墨烯企业于2010年创办,这三个年份可以分别作为中国石墨烯领域科学研究、技术应用和市场化阶段产生的初始时间。截至2017年12月31日,中国石墨烯领域共计发表论文57606篇、申请专利38759项、经营企业2371家。虽然石墨烯领域的论文在中国出现时间较早,但是前期研究成果较少,2007年发表论文53篇,与2017年的15160篇相差甚远,因此,为了更加清晰地展现论文、专利和企业数量的发展趋势,图3.4展示了2008—2017年中国在石墨烯领域内论文、专利和企业的变化趋势,均在近几年内出现了快速增长。

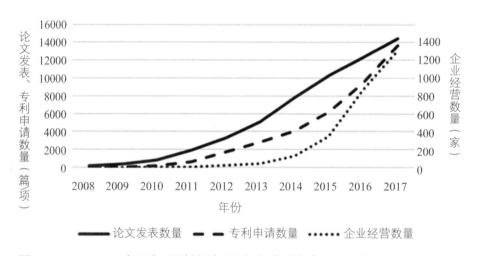

图3.4 2008—2017年国内石墨烯领域论文发表、专利申请、企业经营数量变化趋势

将 1994—2017 年中国石墨烯领域发表论文数据、2003—2017 年的申请专利数据、2010—2017 年经营企业净数据（进入市场企业数量和退出市场企业数量）输入 Loglet Lab 4 软件中，分别选择 Logistic, Gompertz, Richards 曲线进行分析，参数设置中 d（复位值）设置为 0，Logistic, Gompertz 曲线中的 K（饱和度）、a（特点维持时间）、t_m（反曲点时间）和 Richards 曲线中的 r 指数由系统自动设置，适配方式为 Monte-Carlo，选择单曲线（1 wave）。分析出的变化率（rate of change）曲线呈钟状，也被称为钟状曲线（bell-curve）。曲线中上升部分代表增长率在逐年增大，线条斜度越高表明增长率越大，当增长率开始下降或者几年间趋于相同时，曲线开始呈下降趋势。图 3.5 展示的便是适配三种曲线分析的结果，每个点代表对应年份的变化率。综合图 3.4 和图 3.5 可以判断，2009—2013 年、2010—2014 年、2014—2016 分别为发表论文、申请专利和经营企业数量从产生之日至 2017 年 12 月 31 日这一区间内增长较为迅速的阶段，这也意味着此阶段为科学研究、技术应用和市场化阶段的高速增长期，而 2009 年、2010 年和 2014 年分别为科学研究、技术应用和市场化阶段高速增长期的初始时间。

3.5 中国石墨烯产业化的三个阶段

表 3.1 统计了中国石墨烯产业化三个阶段的兴起时间、进入高速增长期的时间以及各阶段之间的时间差，发现了不同阶段的兴起时间、进入高速增长期的时间具有线性顺序，但是在发展中不同阶段在一段时间内存在同步高速发展的情况，而且后续兴起的产业化阶段与早期兴起的产业化阶段相比时间差大幅减少，具体情况将于 G-K 模型的不同时期中加以详细描述。前面提及 G-K 模型中产品生命周期是依据净进入者数量进行划分的（Gort, Klepper, 1982），图 3.6 便是石墨烯企业净进入数量近年来的变化

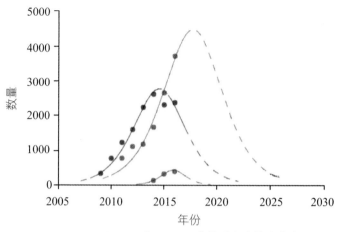

(a) Logistic和Richards曲线适配出的变化率

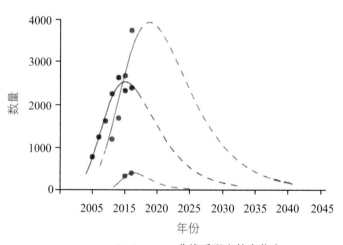

(b) Gompertz曲线适配出的变化率

图3.5 国内石墨烯领域论文数量、专利数量和企业数量变化

论文:中间曲线;专利:最高曲线;企业:最低曲线;圆点:每一年的变化率;实线:已发生的年份,虚线:未发生的年份;统计时间跨度为各自产生之日至2017年12月31日。

资料来源:Loglet Lab 4。

率。由此可知,2014年石墨烯产业中经营者净进入数量开始高速增加,所以2014年为中国石墨烯产业第二周期的开始之年,而2010年第一家石墨烯企业进入市场,2010—2014年为石墨烯产业第一周期。前面提及本书将设立一个"初期"来分析第一周期开始前的石墨烯产业发展情况,因此"2010年前"为中国石墨烯产业发展的初期(表3.2)。

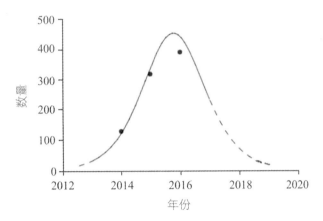

图3.6 中国石墨烯企业净进入数量的变化

表3.1 中国石墨烯产业化各阶段兴起时间、进入高速增长期的时间和时间差

产业化阶段	兴起时期		高速增长时期		
	兴起时间	时间差	进入时间	时间差	持续时间
科学研究阶段（论文）	1994年	9年	2009年	1年	2009—2013年
技术应用阶段（专利）	2003年		2010年		2010年—?
市场化阶段（企业）	2010年	7年	2014年	4年	2014年—?

表 3.2　中国石墨烯产业各生命周期及同步创新模式发生时间

周期	时间	同步创新模式发生阶段	同步创新模式发生时间
初期	2010 年前	科学研究阶段 — 技术应用阶段	2010—2013 年
第一周期	2010—2014 年	技术应用阶段 — 市场化阶段	2014 年—？
第二周期	2014 年—？		

3.5.1　中国石墨烯产业化的初期

中国石墨烯产业化的初期表现是科学研究与技术应用阶段已兴起，同时科学研究阶段进入高速增长期。根据表 3.1，科学研究阶段和技术应用阶段兴起时间相差 9 年，这与 Utterback(1974)认为的技术信息形成与在创新中应用相差时间为 8～15 年相符，二者至少分别经历了 15 年和 7 年的累积后进入高速增长期。石墨烯作为二维材料，相较于已被合成的零维、一维和三维材料，长期以来一直是材料学领域的争论热点。直至 2004 年单层石墨烯的成功提取证明了二维材料可在常温常压下稳定存在，打破了学术界认为二维晶体结构在自由状态下无法存在的观点，同时也突破了原有的材料形态。石墨烯的发现被认为打开了二维材料之门（范桂锋，朱宏伟，2010），这对于三维材料占据主流的材料领域来说是一种全新形态材料的诞生。这种突破原有技术发展轨道并开辟了新技术发展方向的创新被称为"突破性创新"，其产生的技术为突破性技术（齐延信，吴祈宗，2006）。2016 年 5 月中共中央、国务院印发的《国家创新驱动发展战略纲要》，2016 年 7 月国务院印发的《"十三五"国家科技创新规划》中提到，发挥石墨烯作为"颠覆性技术"在引领产业发展上的作用,这是从国家层面肯定了石墨烯具有突破性技术属性。

石墨烯材料自身呈现出与其他材料极其不同的属性,这展现出突破性技术呈现的非标准性特征(Adner,2010)。例如石墨烯中的量子霍尔效应与一般情况的量子霍尔效应表现是相异的(Geim,Novoselov,2007),电子在石墨烯中迁移率极高,同时损耗率也极小,相较于其他材料展现出明显的优异性能(Novoselov et al.,2007),因此,具有可以替代硅成为未来半导体或芯片主导材料的潜力。硅的出现被学者视为突破性技术(Walsh et al.,2005),因为硅为半导体领域提供了发展的土壤,也带来了电子信息产业的蓬勃发展,如果石墨烯未来能替代硅,也可能改变现在半导体行业的竞争格局。这也是 Danneels(2010)给予突破性技术的定义,即改变竞争基础的技术。突破性技术具有较大的技术不确定性(齐延信,吴祈宗,2006),这也与当前石墨烯产业所表现出的技术和市场不成熟性相吻合。

突破性技术在一定程度上延长了技术应用阶段出现的时间。突破性技术需要建立一套新的支持体系,包括制备方式。虽然根据 Web of Science 核心数据库显示第一篇石墨烯论文诞生于 1991 年,但是石墨烯的研究于 1947 年就开启了,惜乎后来的几十年间对于石墨烯的探索多拘于纸上谈兵或者只是通过透射电子显微镜进行观测,主要原因是没有适合的制备方式可以成功分离单原子厚度石墨烯(Geim,2011)。石墨烯作为二维材料,其制备方式不同于其他性质的材料,同时之前在二维材料领域制备经验较为缺乏,因此,学界长期未能在石墨烯的制备中获得突破。直至 2004 年安德烈·海姆及其学生康斯坦丁·诺沃肖洛夫通过机械剥离法获得单原子厚度的石墨烯,从此石墨烯研究进入测量阶段,也为其应用性能方面的研究提供了可操作性,安德烈·海姆认为这是石墨烯进入"淘金热"的原因之一(Geim,2012)。

石墨烯的制备方式至今还在不断优化中,目前尚未寻找到性价比较高并且可以实现大规模量产的单层石墨烯制备方式。由于较难突破制备方式,石墨烯长期无法以实物形式存在,也降低了技术应用的可能性。突破性技术需要长期的科学研究巩固基础。由于突破性技术并不是改进已有技术,也不是沿着已形成的技术轨迹发展,而是需要开创自己的技术轨道,同时还需挑战学界已有的学术观点,证明自身存在的合理性。因此,突破性技术科学研究阶段所持续的时间相较于渐进性技术来说较长。2002 年美国纳米技术仪器公司(Nanotek Instruments)申请了第一个单层石墨烯制造专利(Geim,2012),这是石墨烯领域的第一个专利,如果以此作为石墨烯产业技术应用阶段的起点,其距离 1947 年石墨烯科学研究历史的起点已有 55 年,如果以第一篇石墨烯领域科学论文诞生(1991 年)作为石墨烯科学研究阶段的起点,二者仅相距 11 年。

3.5.2　中国石墨烯产业化的第一周期

中国石墨烯产业第一周期的表现是科学研究阶段进入饱和期,技术应用阶段进入高速发展期,市场阶段刚起步,科学研究与技术应用阶段进入同步创新模式。

第一周期开启当年,科学研究与技术应用在分别经历了 15 年和 7 年的发展后进入同步创新模式,并维持了 3 年时间,只因这一阶段科学研究进入饱和期。根据 Loglet Lab 4 软件的变化速率图(图 3.5),国内石墨烯领域论文数量从 2013 年开始增长幅度围绕 2500 篇左右波动,至 2017 年已连续 5 年较为稳定,同时 2018 年的论文数据根据 Web of Science 核心数据库统计数量为 17159 篇(统计时间:2019 年 1 月 23 日),相比 2017 年论文增长率下降了 13.99%。2013—2018 年中国石墨烯论文数量并未出现较大幅度的增势,同时根据 Loglet Lab 4 软件分析论文数量增减的反曲点为 2015 年,即 2015 年后论文数量增幅逐年下降。Schmoch(2007)表示 5 年可以作为衡量一个技术发展状态保持同一创新周期的标准,如果技术发展 5 年时间内未出现大幅度变化,即意味着其依旧处于同一阶段。将此概念用于论文数据增减变化中,国内石墨烯产业创新科学研究阶段自 2013 年后已有 5 年时间增长幅度较为稳定,并且增长幅度在近几年开始呈逐年下降趋势,表明其已趋于饱和期,也预示科学研究阶段进入成熟期或瓶颈期,这与2018年6月中国科学技术大学朱彦武和王冠中所给出的判断接近。

石墨烯具有突破性技术的特征,而突破性技术需要挑战主流技术,同时具有技术不确定性,因而市场风险较大(齐延信,吴祈宗,2006),所以生产方进入市场需要时间来稳定技术和挑战既有技术,而应用方需要时间来观察决定是否接受市场,因此,石墨烯市场化阶段在技术应用阶段兴起后7年出现。但是市场化阶段也在科学研究阶段和技术应用阶段分别进入高速增长期的1年后和当年快速开启,这说明了在石墨烯产业化中科学研究阶段和技术应用阶段依然是市场化阶段的基础。

国内石墨烯产业第一周期持续时间为4年,这相较于G-K模型1973年基于46个产业计算的第一周期平均时长14.4年大幅缩短,随着时间的变化产业第一周期的持续时间较以往将逐渐缩短。但第一周期时间的长短还需根据产业特性来判断。46个案例中有八个第一周期短于或等于4年的产业,Gort和Klepper(1982)也给出了原因,认为是模仿者进入的门槛降低以及技术变化的广泛存在致使新进入者急剧增加。该理由用于解释国内石墨烯产业第一周期持续时间较短或许有些片面,但需明确的是石墨烯作为前沿技术,当前具有不确定性,所以技术变化可能性较大。模仿者进入门槛的高低目前无法做出判断,但是突破性技术的模仿具有一定的难度,在实际操作过程中这个难度具体如何尚未知,可能需要进一步调研。第一周期持续较短与科学研究经历了较长时间的积累有关。科学研究作为石墨烯领域技术的重要来源,在2010年前至少经历了16年的发展积累并达到了一定的规模,为产业化后续阶段的开展提供了基础,这也证明了以科学为基础的产业中科学研究的重要性。同理Gort和Klepper(1982)统计的两个第一周期仅持续0年并且技术依赖科学研究的产业领域中,通过Web of Science数据库检索其所涉及的科学研究,发现青霉素和荧光灯产业中,科学研究在第一周期产生前至少已分别经历32年和15年的发展,因此,在科学研究为重要技术来源的产业或者是以科学为基础的产业中,科学研究阶段的积累时间较长,其产业发展第一周期持续的时间可能会缩短,至于二者是否存在正向比关系值得后续研究。

3.5.3 中国石墨烯产业化的第二周期

中国石墨烯产业化的第二周期的表现是科学研究阶段影响力减弱,市场化阶段与技术应用阶段进入同步创新模式。

第二周期开启当年市场化阶段在经历4年的发展后与技术应用阶段进入同步创新模式,并且一直持续至研究截止时间,但科学研究阶段已进入饱和期第二年,说明科学研究阶段的发展即使趋近停滞,但对产业中技术应用和市场化等产业化后续进程影响较小,这与Klepper认为的基础研究对创新的指导意义在一段时间趋于停止观点相近(王勇,2010)。石墨烯作为以科学为基础的产业,科学研究在产业发展中具有重要性,但是影响力的大小也会随着创新进程的推进而变化。前期,科学研究阶段作为技术来源是后兴起阶段发展的基础,例如科学研究阶段进入高速增长期后1年,技术应用阶段也进入高速增长期,同时市场化阶段开启。但是在产业发展经历一定阶段后,科学研究阶段进入饱和期,这也是产业发展规律,影响其对产业发展的影响力。同时创新是个动态的过程,后期许多问题的突破和解决只存在于后兴起阶段,例如技术转化,科学研究在此时发挥的作用也有限,因此,科学研究对于产业创新前期的影响力较大,在后期有所削弱,这表现在国内石墨烯产业发展周期中为初期和第一周期影响力较大,而第一周期末尾和第二周期时影响力降低。

科学研究对产业化进程影响较小,主要有两种表现:第一,科研的进步无法促使技术转化和企业的进入,这可能与需要进行技术转化的知识本身性质有关(Bozeman,2000),例如知识比较趋向于应用化更利于技术转化(Arvanitis et al.,2008),同时转换机构、转换媒体、市场需求等都对技术转化效率产生影响,也包括政策环境和公共价值(Bozeman,Hirsch,2005)。

这种情况的出现使得科学研究、技术应用等阶段可能也会进入瓶颈期,但是如今专利数量高速增长,通过目前的数据推断科学研究与技术应用衔接进入瓶颈期证据不足。第二,这类情况的出现表示已具备应用条件的技术所依赖的研发可能已趋于成熟,并且无突破性创新出现,因此可以反推,科学研究领先也不能完全代表后期应用和市场化的领先,例如司托克斯(1999)在讨论第二次世界大战后美国在电子领域的基础研究领先于全世界,家用电器的具体应用上却落后于日本,这也为当今中国石墨烯在专利和企业数量上领先于诞生国英国提供了一定的解释。值得注意的是,科学研究停滞发展对石墨烯产业化进程影响有限具有条件限制:一是对象为已具备应用条件的技术,二是无突破性创新出现。Utterback(1974)认为基础研究不再是创新的重要直接来源,此观点需依据产业性质和进行时间区别对待。

3.6 中国石墨烯产业创新进程中的同步创新模式

通过研究发现,国内石墨烯产业创新进程中存在同步创新模式,但是只分别发生于两个阶段中,即"科学研究与技术应用阶段"或"技术应用与市场化阶段"(图 3.7),三个阶段并未同时处在同步创新模式中,这与 Rothwell(1994)整合模式中所有阶段皆会处在同步创新模式的刻画不同。同时同步创新模式可能发生在创新中期或中前期阶段,例如科学研究与技术应用阶段,这与 Salerno 等(2015)的具有平行活动的创新进程中只存在于后期"发展"与"扩散/市场/销售"阶段之中不同。说明同步创新模式在具体产业应用中具有不同的表现特征,并不完全以所有阶段并行发展的形式开展,而是不同阶段两两分别处于平行发展中,这对前人关于同步创新模式的应用表现进行了补充说明。

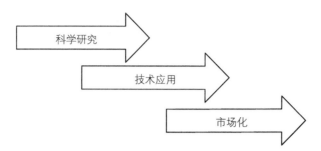

图 3.7 国内石墨烯产业创新进程中的同步创新模式

同时同步创新模式存在的时间也不限制于完全是创新阶段后期。同步创新模式只存在于一段时间内,由于本书从案例角度出发,因而存在时间目前尚无规律可循,但是通过前面分析发现其与产品生命周期具有一定的相似性。一是同步创新模式产生的具体时间,根据表 3.2,其在国内石墨烯创新过程中两次开启的时间与产品生命第一周期和第二周期开始时间相同。同步创新模式与第二周期存在一定的关系。同步创新模式中涉及市场化阶段与其他创新阶段共同处在高速增长期,而产品生命周期中的第二周期即净进入市场企业数量出现高速增长,因此同步创新模式发生于第二周期的可能性较大。二是在持续时间上也较为接近,科学研究与技术应用阶段的同步创新仅比第一周期少 1 年。虽然目前尚无明确证据证明二者之间存在关系,但是值得进行下一步设想。

第 4 章
同步创新模式形成的内部原因

关于同步创新模式产生的原因本书将从两个方面论述：一是内部原因，即技术自身发展轨迹；二是外部原因，主要是为同步创新模式提供支持和维护的社会环境因素。本章主要讨论内部原因。同步创新模式与传统线性模式等不同，其存在具有一定的期限，并不自始至终伴随创新，正如前面论述科学研究与技术应用阶段共有 3 年时间处于同步创新模式，这主要是因为同步创新模式指不同创新阶段处于平行发展中，而不同阶段兴起和结束具有时间顺序，这是同步创新模式只在一段时间存在的一方面原因。同步创新模式产生也需要一定的条件，这主要与石墨烯所在产业特性有关。Salerno 等(2015)认为同步创新模式适用于前沿领域，代表其不适用于所有产业领域，同时本书选取的石墨烯案例所呈现的同步创新模式与 Rothwell 等在探索汽车产业中呈现的同步创新模式不同，这证明产业特性对同步创新模式的影响性较大。不同的产业特性也会呈现出不同的技术制度，而技术制度受技术范式的影响，也影响技术路径，进而影响技术沿着技术路径演化时形成的技术条件。当达到同步创新模式所需要的技术条件时，同步创新模式便启动，而到后期技术的发展使其丧失了该技术条件，同步创新模式便停滞，这也是同步创新模式只持续一段时间的另一方面原因。演化经济学(evolutionary economic)认为技术发展一方面应被归于技术路径中(Ende，Dolfsma，2005)，另一方面又受到技术制度的影响，因此同步创新模式存在的内部原因以及产生的技术条件需要进入产业特性和技术制度来研究。技术制度受到技术范式影响，二者具有排他性(Dosi，1982)，也包含了技术特性(Ende，Dolfsma，2005)，因此先论述技术范式与技术制度。

4.1　技术范式与技术制度

库恩(Kuhn)基于科学提出范式的概念,而 Dosi(1982)认为技术与科学之间具有较多的相似性,因而技术也存在范式,即"技术范式",这可以解释技术创新中出现的连续性或非连续性变化,这也是除市场需求、技术推动等因素外,用于解释创新出现、发展和转变的新视角。Dosi 认为技术范式指基于自然科学的既定原则以及既定材料技术,在既定的具体技术问题上采用的解决方法模式与模型。后来 Cimoli 与 Dosi(1995)进一步认为技术范式包括三个核心的概念:什么是技术、如何发展和提升技术、产品和系统的基础模型,进而依据此进行技术变化探析以范式为基础的生产理论(paradigm-based theory of production)。其他学者也对 Dosi 的技术范式提出了不同的解读。Ende 和 Dolfsma(2005)认为技术范式是指特定技术领域所涉及的核心知识基础以及工程师在解决该领域问题活动时的共同特征。Perez(2010)认为 Dosi 的技术范式是许多机构之间的一种默契,包括选择何种有价值的搜索方向以及什么产品、服务和技术被认为是一种改进的或更优质的版本。叶芬斌和许为民(2012)认为,在哲学视角上一种技术范式等同于一种技术结构。技术范式具有排他性(Castellacci,2008),包含特定活动所依据的特定知识形式,包括了如何提升技术发展的具体启发式想法和观点(Cimoli,Dosi,1995),也为研究不同技术、不同产业、不同部门、不同国家之间的区别提供依据(von Tunzelmann et al.,2008),因此技术范式决定了技术特点,也决定了技术未来不同的发展路径和变化方向。

技术制度是产品发展的决定因素,Lee 和 Lim(1999)认为是以技术机会(technological opportunities)、创新专属权(appropriability of innovations)、技术进步累积性(cumulativeness of technical advances)和知识库属

性(property of knowledge base)相结合的方式来定义的,这也指明了影响技术制度的三个因素。Winter认为技术制度决定了模仿的难易度、与生产相关的优异知识基础数量、基础研究的成功在何种程度可以向应用研究容易转化等(Peneder,2010)。

技术可以在不同范式和制度之间转化和选择,进而影响其技术轨迹。Kim和Kogut(1996)认为技术轨迹是特定的技术以一种新的结合形式汇聚,遵循一种具体化模型,并受到技术和市场因素的双重影响。许多学者通过技术轨迹来透视创新过程中的一些现象。例如Paolo和Olivier(2018)认为公司通过转换技术轨迹来适应越来越不确定的技术发展。Perez(2010)将技术轨迹的产生融入了创新周期,认为技术轨迹被定义至被限制之间为技术高速增长期,当技术轨迹被限制后,技术发展进入了成熟期。Ende和Dolfsma(2005)认为当技术范式和制度发生变化时,创新过程会呈现相应变化,创新过程中的变化也可以通过技术路径来探析,而其又受到技术制度的影响,因此关于同步创新模式的出现可以通过技术制度来进行研究。而Castellacci则认为技术制度、技术路径与产业特性相关,不同的产业所展现的技术制度和路径也不同,所以不同产业中技术发展和变化以及变化后的技术条件也不同(刘璇 等,2015)。因此,本书在论述石墨烯产业出现同步创新模式的技术条件时离不开对产业特性的讨论。

4.2 科学研究与技术应用处于同步创新模式的原因

4.2.1 巴斯德象限

由于石墨烯具有以科学为基础的产业特征,而科学研究在石墨烯产业中也占据重要地位。因此,在讨论科学研究与技术应用处于同步创新模式之前需要先聚焦于科学研究。科学研究可以依据不同标准进行分类,其中较有影响的便是司托克斯(1999)[60-64]依据科学研究出发点而进行的不同象限分类。司托克斯认为科学研究可以促进知识的增加,可以提升技术的性能和水平,但是并不是所有的科学研究都能发挥这两方面的效用,在何方面发挥效用取决于科学研究的出发点。因此,司托克斯依据科学研究的出发点不同将其分成四个象限(也有三个象限之说,如表4.1所示,其中有个象限并无名称),不同象限以从事这类科学研究为代表的科学家命名。只受认知需求的引导,不受实际应用的引导的科学研究被称为玻尔象限;只由应用目的引起,不寻求对某一科学领域现象全面认识的科学研究被称为爱迪生象限;而既寻求扩展知识边界又受到应用目的影响的科学研究被称为巴斯德象限。科学研究所处的象限不同,其所产生的影响也不同。司托克斯认为科学研究的主要影响分布于"认识"和"技术"两个层面,这也是不同象限的出发点,玻尔象限和爱迪生象限分别只对"提高认识"和"提高技术"产生影响,提高技术水平也是为扩展应用,而巴斯德象限不同,在两个层面皆可产生影响(图4.1),这对于处在前沿位置的科学产业较为适用。前沿领域技术和市场的发展皆不成熟,技术需要深层次的科学探索以巩固和提升,而市场需要高端和普适的技术以拓展和替代,而石墨烯产业便是符合巴斯德象限科学研究出发点的代表。

表4.1 司托克斯(1999)对科学研究不同象限的分类

		以应用为目标	
		否	是
以求知为目标	是	Ⅰ 纯基础研究（玻尔象限）	Ⅱ 应用激发的基础研究（巴斯德象限）
	否		Ⅳ 纯应用研究（爱迪生象限）

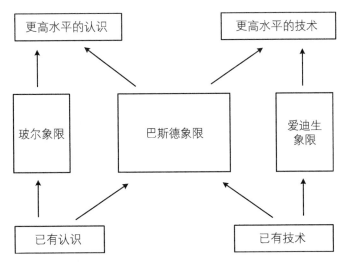

图 4.1　不同象限对认识和技术的影响作用
资料来源:司托克斯,1999.基础科学与技术创新:巴斯德象限[M].周春彦,谷春立,译.北京:科学出版社.

科学研究的出发点取决于执行者,因此,随着时间变化,创新可在不同象限之间位移,林苞和雷家骕(2013)以青霉素和晶体管为案例发现创新可以从由基于科学的模式转向基于技术的模式,不同象限之间的转化将使其影响层面产生变化。司托克斯(1999)[60-64]在阐述巴斯德的科学研究时提到,巴斯德在甜菜汁酿酒问题的基础上提出了病菌理论,刚开始接触这方面时,巴斯德只为促进发酵技术,是较为典型的应用研究,但是为了了解背后的原理,巴斯德对其进行科学探索并提出了病菌理论,奠定了后来疾病病理学的理论基础,良好地诠释了从以应用为出发点的科学研究向以提高认识为出发点的科学研究的转化。科学研究象限的位移便会带来影响层面的变化,后来巴斯德致力于在科学认识和成果应用双层面的努力,进而形成了以自己名字命名的一类科学研究——巴斯德象限。科学研究是石墨烯产业重要的技术来源,科学研究象限的转变成为促发科学研究与技术应用阶段进入同步创新模式的原因。

之前学者关于巴斯德象限影响的研究较多集中于提高学术产出或创新效率的视角(司托克斯,1999)[72-76],例如 Shichijo 等(2015)发现以巴斯德象限为出发点的日本学术型企业科学家的论文发表数量、被引次数、高影响力数量皆多于传统型学术机构的科学家,因而前者在推动前沿科学工作上的贡献更大。温珂等(2016)曾基于巴斯德象限探讨中国科学院科研人员发表论文、申请专利以及与企业开展合作的相关数据之间的关联,发现处在巴斯德象限下三者之间会呈现正相关关系,这对本书解释国内石墨烯产业发表论文和申请专利数量在一段时间内同步出现高速增长期的观点予以一定的支持。也有部分学者从巴斯德象限对机构构建影响的视角出发,例如王勇和王蒲生(2014)将巴斯德象限的以知识和实用性为目的的二维模型变换成以科研和创业为目的的二维模型,从而构建新型科研机构模型。张守华(2017)认为国内科研机构需结合巴斯德象限的技术创新模式与新型科研机构的创新实践要求,重新认识基础研究与应用研究的关系,加强产学研深度合作。科学研究不同象限之间的转化促使了同步创新模式的形成,而前人关于象限转化带来的影响方面的研究较少。

4.2.2 石墨烯科学研究经历了从玻尔象限至巴斯德象限的转化

1947 年,P. R. Wallace 第一次计算石墨的能带结构并将此作为理解块状石墨电子特性的出发点,学界认为这也是石墨烯历史的起点(Geim,2012)。石墨烯作为二维材料的代表和开启者,其概念的提出挑战了已被合成的零维、一维和三维材料领域,同时对二维材料持怀疑态度的专家认为其不可能在常温状态下存在,所以尤其是在最能代表二维材料的单原子层石墨烯被提取(2004 年)之前,科学研究的目的主要是证明其存在(Geim,Novoselov,2007)。在这期间,由于未出现单原子层石墨烯实体,学界的研究只停留于显微镜视角,即观察阶段,无法进行实测,因而对石墨烯在应用性能方面的探索不具备实行条件,所以其科学研究不具备以应用为出发点

的基础条件。安德烈·海姆曾对这一阶段石墨烯的研究这样评述:

> 他们观察到超薄石墨膜,有时甚至是单层膜,但是没有报告任何石墨烯的区别性质。即使其引用的少量电学和光学测量也是使用石墨薄膜完成的,无法达到石墨烯自2004年以来引起的物理学成就(Geim,2012)。

直至2004年,安德烈·海姆与其学生康斯坦丁·诺沃肖洛夫通过机械剥离法成功分离出石墨烯,单原子层石墨烯从此以实体形式出现,也证明了二维材料可以在常温状态下自由存在,同时也让石墨烯研究从"观察阶段"进入"测量阶段",进而石墨烯优异的电子性能被发现(Geim,2012)。但是安德烈·海姆等最初进行石墨烯方面的探索也是出于对电场效应方面的知识探索,安德烈·海姆自己表述,在2004年之前并未从事与石墨烯相关的任何研究,最初的想法只是受到金属和半金属中电场效应背景知识的刺激,同时自己之前对碳纳米管研究已有兴趣,也随意阅读过几篇关于石墨方面的评论文章,因而希望探索电场效应在这类材料中的表现。安德烈·海姆事后接受采访表示开始他只是出于好奇,将别人扔在垃圾桶里粘着石墨的胶带拿回去用显微镜观察,发现上面的物质与常见材料不同,具有出色的电、热、光性能,于是与其学生合力通过机械剥离法继续加工,直至分离出石墨烯(陈岩,熊筱伟,2016)。所以在石墨烯被发现之前,安德烈·海姆等对其的研究只是寻求提高对电场效应方面的认知,并未对石墨烯出色的光电性能的发现抱有期待。因此,安德烈·海姆在分离单原子层石墨烯之前的研究也是以提高科学认知为出发点的。

进入实测阶段后,安德烈·海姆等人发现了石墨烯优异的电子性能,无论在量子霍尔效应还是电子通过的损耗率上相对其他材料皆表现出色,进而触发研究团队对于其应用价值的探索。2004年《科学》(Science)杂志上刊登了一篇安德烈·海姆和康斯坦丁·诺沃肖洛夫关于石墨烯电子性能的文章,该篇文章不仅介绍了他们成功剥离出单原子层石墨烯的经验,同时描述了石墨烯优异的电子性能(Novoselov, et al., 2004),引起了学界的轰动,激发了更多研究人员加入石墨烯研究队伍,安德烈·海姆自己也将其视为石墨烯研究发展的分水岭(Geim, 2012)。

安德烈·海姆在诺贝尔物理学奖获奖时的演说中这样说:

> 《科学》刊登的论文报道了石墨烯晶体的分离大到足以进行各种测量,超出了电子显微镜观察的范围。同时描述了简单易用的石墨烯分离和鉴定方法,这些结果被广泛认为是重要的……但是,如果我们停在观察的层面而不去进行石墨烯的分离,我们的工作只是充实以往的文献……其实不是石墨烯的提取而是其电子特性令研究人员感到意外。我们的测量结果带来了新的消息,远远超出了"透明胶带"技术,这说服了许多研究人员加入石墨烯研究热潮(Geim, 2011)。

单原子层石墨烯的成功提取为二维材料性能研究提供了可操作性,同时作为新材料,其应用性能研究具有潜力和价值,也使石墨烯科学研究开始进入以应用为出发点的时代。2005年安德烈·海姆等在《自然》(Nature)杂志上发表了一篇描述石墨烯表面的电子迁移率并发现其量子霍尔效应与其他材料截然不同的文章(高云,杨晓丽,2017),进一步刺激了学界对石墨烯材料电子性能的讨论。2006年Stankovich等(2006)在《自然》杂志上发表了一篇文章,认为基于石墨烯的复合材料具有巨大的市场价值,至此对石墨烯应用前景的探索全面展开。2007年安德烈·海姆和康斯坦丁·诺沃肖洛夫在《自然材料》(Nature Materials)上全面介绍和回顾了石墨烯领域的兴起(Geim, Novoselov, 2007),2009年石墨烯开始在IBM、三星、富士通等企业的产品中应用,至此石墨烯进入市场化流通。2010年安德烈·海姆和康斯坦丁·诺沃肖洛夫因成功剥离石墨烯而获得诺贝尔物理学奖,这也代表未来石墨烯的市场潜力受到专业的肯定,进而越来越多的研发以其市场潜力为出发点。

几个标志性事件将石墨烯应用价值的科学探索逐渐推向高潮,可以通过国际和国内石墨烯专利申请数量的变化显现。专利作为技术进入应用的象征,同时也是以应用为出发点的科学研究成果。根据 Loglet Lab 4 软件中的 Logistic 指数分析,以《2018 石墨烯技术专利分析报告》中石墨烯专利申请数量的年度分布为数据来源(统计时间跨度:1994 年至 2018 年 8 月 29 日)(王国华 等,2018),发现全球石墨烯专利申请数量自 2008 年起进入高速增长期(图 4.2),此时距离全球首个石墨烯专利出现已有 14 年,而国内首个石墨烯专利出现是 2003 年,国内外申请专利数量至 2017 年依旧处于高速增长期,所以当石墨烯科学研究进入以应用为出发点时,专利数量开始或即将进入高速增长期。

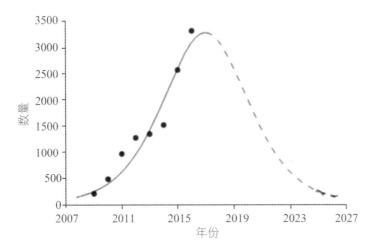

图 4.2　国际石墨烯专利申请数量变化

注:数据来源于 Loglet Lab 4。圆点:每一年的变化率;实线:已发生的年份;
虚线:未发生的年份。

值得注意的是,石墨烯领域论文发表数量也在 2004 年后进入高速增长期,更准确说是 2006 年。根据 Loglet Lab 4 软件中的 Logistic 指数分析,全球石墨烯论文数量自 2007 年开始进入高速增长期,但是 2005—2006 年时其快速发展的势头已出现(图 4.3),2006 年论文相较于 2005 年同比增长约

80%,此时距离第一篇石墨烯论文的发表已有14年。国内石墨烯论文发表数量自2009年进入高速增长期。论文不同于专利,论文距离应用较远,发表主要为提高学界科学认识进而促进知识交流,同时为下一步科学探索提供知识依据,所以论文发表数量的高速增长代表石墨烯领域中以提高知识为出发点的科学探索还在继续。

因此,2004年后的科学研究既以增进认识为出发点,也以提高应用为目的,具有巴斯德象限的特征,这与前面提及的温珂等(2016)的研究结果相似。温珂等基于巴斯德象限探讨中国科学院科研人员发表论文、申请专利以及与企业开展合作的相关数据之间的关联,发现处在巴斯德象限下三者之间会呈正相关的关系。

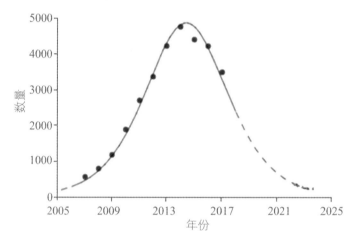

图 4.3　国际石墨烯论文发表数量变化
注:数据来源于 Loglet Lab 4。圆点:每一年的变化率;实线:已发生的年份;
虚线:未发生的年份。

石墨烯领域科学研究起初只是以提高科学认识为目的,进而具有玻尔象限的特征,至单原子层石墨烯被成功提取后,其科学研究转变至巴斯德象限,因而经历了从玻尔象限至巴斯德象限的转化,这也是石墨烯研究技术路径的转化。前面提及处于巴斯德象限中的科学研究及其论文发表和专利申请数量皆可实现高速增长,因而以其为象征的科学研究与技术应用阶段在一段时间内处于同步创新模式,可以通过巴斯德象限既提高科学认识,也能拓展技术应用的性质来解释。同时,Utterback(1974)、司托克斯(1999)认为出于应用的创新定位于消费者和市场,技术从出现至应用之间花费的时间相比聚焦于通用定理的发明更短,所以巴斯德象限缩短了科学研究与技术应用之间的距离,为其同步创新提供了条件。

Bozeman(2000)曾区别知识转化与技术转化的概念,认为知识转化是指将知识转变为可满足其他科学家继续运用和后期探索,而技术转化则是科研人员在新应用中将科学知识转化至应用中使用的技术,因而前者为认识的提升,后者为应用的开拓,与巴斯德象限的作用相接近,因此,处于巴斯德象限中的科学认识可以实现知识和技术转化。但是在巴斯德象限中,技术不仅可以被提升为新的技术,也可以形成新的认识,同理认识也可以促进新认识和新技术的形成。而知识和技术的概念在 Gopalakrishnan 和 Santoro(2004)的认识中不能混为一谈,他们认为技术来自某种特定类型的知识,更符合一种改变环境的工具或工具组,相较于知识转化是一种更窄并且更具有针对性的构建,故而巴斯德象限可以实现知识转化与技术转化之间的跨越和互动。

知识转化可以带来论文数量的增加,而技术转化可以推动专利的申请,因而处于巴斯德象限的论文和专利数量可互相影响,为彼此数量增加提供可行性。但是二者的相互影响并不完全顺畅,当一方因自身的问题进入瓶颈期或饱和期时,另一方的增长对此却无济于事,因此即使处于巴斯德象限,当知识转化或技术转化进入瓶颈期或饱和期时,同步创新模式也无法继续。前面提及技术只有达到一定条件时才可以进入同步创新模式,当其不具备该条件时便退出创新模式,所以同步创新模式的持续只是一段时间。当科学研究进入巴斯德象限,并且知识和技术转化皆未进入瓶颈期或饱和期时,其以科学为基础的产业具有科学研究与技术应用处于同步创新模式的技术条件,当任何一个条件不被满足时,科学研究与技术应用就会退出同步创新模式。

4.2.3 专属供应商和以科学为基础的产业制度重视专利申请

Castellacci(2008)在对专属供应商和以科学为基础的产业技术轨迹和技术制度进行特征描述时,发现专属供货商的产业和以科学为基础的产业中分别有 20.92% 和 20.14% 的机构通过专利获利,位列所有产业类型前两名,因此这两个产业较为重视专利,而石墨烯产业由于具有上述两个产业特征,同时前期科学研究的成果后期将进入技术应用,这为贴近应用的专利提供了发展的空间,所以产业中的机构对申请专利更为重视。高校和科研机构虽然重视科学论文的产出,但是基于上述产业特征,也开始在专利申请中发力。2010—2013 年,中国石墨烯产业申请专利以高校和科研机构为主导(Gopalakrishnan, Santoro, 2004),截止到 2018 年 8 月 29 日,中国科学院宁波材料技术与工程研究所、浙江省石墨烯制造业创新中心和中国石墨烯产业技术创新联盟等机构发布的《2018 石墨烯技术专利分析报告》中显示,企业专利申请数量位居所有机构类别首位(21511 件,占比为 48%),在此之前(除 2016 年外)高校和科研院所的专利申请数量一直占据领先地位(王国华等,2018)。

科学研究作为石墨烯产业重要的技术来源,也是专利的来源之一。通过国内论文发表、专利申请和企业经营数量的变化,可以发现国内高校和科研机构进入石墨烯产业创新科学研究阶段早于企业,在早期科学研究上的积累多于企业。同时专利具有专属权和所有权,相较于外部机构,科研成果所属机构更易创造出专利,也避免了权益纠纷,所以早期高校和科研机构成为申请专利的主体。国内高校和科研机构同时是科研论文的重要产出者,因此许多机构既是论文发表的聚集地,也是较多专利的申请方。例如清华大学,2010—2013 年以 101 项专利位列中国大陆所有机构专利申请数量第一,并且比第二名多出 78 项(中国专利申请数量第一的是台湾省的鸿海集团)(Baglieri et al.,2014)。同期,清华大学发表论文 608 篇,在国内所有机构中位列第二名(第一名为中国科学院)。同一机构中相同科研成果从论文转至专利速度较快,因此这便为专利和论文的同步高速增长带来了契机,成为科学研究与技术应用处于同步创新模式中的又一个原因。

后期企业成长为国内石墨烯研发的重要力量,最主要的表现便是2018年国内石墨烯专利申请比例上企业已超过高校或科研机构(表4.2),而在此之前,国内石墨烯专利申请最多机构类型为高校或科研机构(Baglieri et al.,2014)。原因主要有三点:一是以科学为基础的产业技术制度重视内部研发,因而石墨烯产业中的企业也需进行自我研发。二是企业更为注重应用型研究,尤其当石墨烯科学研究转入巴斯德象限后,国内高校和科研机构的设备和环境在一定程度上无法满足应用型研究中的试验条件,因而企业占据硬件设施上的优势。三是国内专利制度的部分不完善致使许多高校和科研机构专利无法转售于企业,致使企业开始寻求自身研发专利之路。

表4.2 国内石墨烯产业创新中高校和科研机构与企业专利申请数量对比

统计报告	统计截止日期	高校、科研机构		企　业	
		专利申请数量(项)	比值*	专利申请数量(项)	比值*
《2015石墨烯技术专利分析报告》	2015年4月18日	5082	63.88%	3273	41.14%
《2017石墨烯技术专利分析报告》	2017年3月1日	9585	52.82%	7009	38.62%
《2018石墨烯技术专利分析报告》	2018年8月29日	19117	42.10%	21511	48%

*比值=专利申请数量/所有专利申请数量。

石墨烯领域专家、中国科学技术大学教授王冠中在2018年6月接受研究组访谈时表示,当前国内在科研成果知识产权的界定上尚未清晰化是专利应用的较大障碍。国内许多石墨烯专利集中于高校和科研机构,对于企业来说,倾向于自身申请专利。当企业的研发力量逐渐增强时,不注重论文的特性在一定程度上影响论文数量的增加,同时应用研究偏向于技术应用阶段,这对科学研究阶段的高速发展带来一定的冲击,进而影响科学研究和技术应用阶段的同步创新,致使这种创新持续一段时间便结束。

4.3 技术应用与市场化阶段处于同步创新模式的原因

4.3.1 以科学为基础的产业制度重视内部研发

Castellacci(2008)统计各产业内部研发机构占比时,发现以科学为基础的产业中,51.75%的机构进行内部研发,仅低于先进知识提供者产业(8.06%),位列第二,Castellacci认为重视内部研发是以科学为基础产业的技术制度。同时经过数据统计发现国内石墨烯产业创新中进行研发的企业比例为87.46%,因此,石墨烯产业创新中较多企业从事内部研发。相较于高校和科研机构,企业倾向于通过专利的形式记录研发成果,论文和专利在属性上存在区别。论文更侧重于成果尤其是制备工艺或技术的分享和交流,而这是企业较为忌讳的,但是专利具有专属性,更接近于成果的保存而又不分享关键工艺和技术,可以成为企业竞争的资本。相比先通过论文再通过专利形式记录成果,直接进行专利申请可以缩短时间,因为时间成本对于企业来说较为重要。

专利对于企业的重要性,还表现在其也是企业成立的资本,尤其是科研型中小企业。中小企业相比大型企业,对创新的吸收速度更快(Martínez-Román,Romero,2017),同时也没有庞大而复杂的内部结构和资本资产,因此与创新同步的专利可能凝聚了这类企业较大部分的价值,成为这类企业可以与大型企业竞争的资本。科研型中小企业研发密度较高(尹建华 等,2001),具有以科学为基础的产业特征,因此更加重视专利对提高企业生存能力的重要性。Helmers曾测算英国高科技初创型企业与专利之间的关系,发现专利权所有人的资产增长率高于非专利权所有人,每年高出的增长率在8%~27%(尹建华 等,2001)。

专利对于科研型中小企业的重要性,使得大部分这类企业成立时的资本建立在其拥有的核心技术专利之上(尹建华 等,2001)。新成立的公司主要以分离公司(spin-off company)或者初创型公司(start-up company)居多,而分离公司被许多政府看成促进科技成果商业化的手段(Clarysse,Moray,2004),这类公司既可以从原有公司部门脱离而出,也可以在高校中孵化而成(Wennberg et al.,2011),高校和科研机构在对部分希望成立分离公司或初创型公司的潜在团队进行扶持时,重点考量其专利的数量和质量(Chai,Shih,2016),因此,专利成为中小企业尤其是科研型中小企业成立时的资本,当专利越多时,新进入市场的企业数量可能也会增加,进而形成专利申请数量和新进入市场企业数量在一段时间内同步进入高速增长期。国内石墨烯产业中,中小企业数量较多(余新创,2017),同时产业中多数企业为科研型企业,因而科研型中小企业占比较大,这为专利与进入市场企业数量同步增长,进而技术应用与市场化阶段处于同步创新模式提供了技术条件。

4.3.2 以科学为基础的产业和专属供应商产业制度以用户为重要机会来源

以科学为基础的产业和专属供应商产业的另一项较为突出的技术制度较多的机会来源于用户,Castellacci在对这两类产业中企业机会来源进行统计时发现,这两类产业分别以30.65%和31.62%的机会来源于用户比例位列所有产业前两名,因而石墨烯产业对于下游市场需求依赖性较高

(Archibugi,2001)。专属供应商作为下游的供应商,对下游的依赖性毋庸置疑,而以科学为基础的产业被 Castellacci(2008)称为"搬运工产业",将上游的技术或产品进行加工后输出给下游终端产品生产商,因而也依赖于下游市场需求。前面分析石墨烯及其应用产品需应用至终端产品才可被普通消费者购买,因而石墨烯企业生产产品时为了更贴近下游应用方需求,在产品未生产完毕即还处于技术应用阶段时引入下游需求,以指导和改进产品后续生产,以防产品已制备成型无法再修改造成资源浪费,同时也可以与更多用户合作。这与 Salerno 等(2015)总结的"具有平行活动的创新进程"所强调的内容相同,即创新成果"发展"阶段和"扩散/市场/销售"阶段同时发展。研究组 2018 年 7 月对一家国内石墨烯企业进行访谈时,负责人表示这种趋势在国内石墨烯行业逐渐流行,企业往往在产品中试时引入下游应用方需求,部分企业也会在更早阶段与下游合作。下游应用方需求主要为已有的技术或产品带来的市场信息,这也是其被赋予商业价值的过程,被 Colm 等看作市场化,所以当下游应用方携带市场信息介入时便开启了市场化过程,形成了技术应用与市场化阶段的同步创新,因此对下游市场较为依赖的企业具有技术应用与市场化阶段同步创新的技术条件。

4.4 基于巴斯德象限讨论如何扩展同步创新模式所适用的创新阶段

目前国内石墨烯产业创新过程中科学研究与市场化阶段未处在同步创新模式中,因而本书设想如何让三个阶段可在一段时间内处于同步创新模式中,这相比两者分别处于同步创新模式来说,可进一步节约产业发展的时间成本,利于抢占市场先机。对于科学研究与市场化阶段未能处于同步创新模式中这个问题的解决可借助于 Pavitt 知识分类。Pavitt(1984)认为知识除了通用科学理论外,专属于某一企业或应用的知识也是重要的一个分类,而且这类知识在应用转化速度上快于前者(Tidd,Bessant,2013)。知识既是科学研究的成果,也是科学研究的基础,指导科学研究进而可以被应用。知识在部分学者的研究中被称为"概念"(Audretsch,Caiazza,2016)。如果科学研究阶段所依赖的知识来自下游市场,则会为技术或产品的研发带来市场需求方面的信息,而这也是技术或产品被赋予商业价值的过程,也被看作商业化的过程,因而以下游市场为指导的科学研究在一定程度上将与市场化阶段相融合,为二者同步创新创造契机。Pavitt 知识分类中所强调的具体企业或应用的知识,是下游市场知识的表现,相比属于多数企业或应用的知识,个性化更强,同时也减少了产品后期应用或市场化时的调试工作,因此应用风险更低,市场化所需时间更短。巴斯德象限中对"应用"概念的定义较为广泛,既包括成功市场化的,也包括实现应用但尚未市场化的,因此,如果从科学研究角度探寻如何加快市场化进程,还需将巴斯德象限细化。

　　Pavitt 知识分类中所强调的专属于某一企业的知识,也是以科学为基础的产业、专属供应商产业重视用户为机会来源的表现,而专属于某一应用的知识也有利于专利的产生,因而 Pavitt 知识分类中专属于某一企业或应用知识的强调也是对前面分析的石墨烯产业处于同步创新模式部分原因的体现。如果将 Pavitt 知识分类应用于巴斯德象限中,以应用为出发点的科学研究可以分为两类:以多数用户或应用为出发点的科学研究和以具体用户或应用为出发点的科学研究。本书尝试将二者以两层金字塔的形式可视化(图 4.4),以具体用户或应用为出发点的科学研究位列上层,代表应用化程度、市场化的可能性相较于下层更高,同时上层的紧凑空间代表科学研究成果适用范围较窄,可能只适用于某一用户或产品。两层之间可以互通,因为上层科学研究的成果也是建立在通用的科学研究成果之上的,只是更多地融入了具体应用环境因素,所以也可以通过加工来支持以多数用户应用或产品为导向的科学研究,同理也可以反转。当科学研究处在巴斯德象限下,可以缩短技术出现到应用之间的时间差,而当其处在以具体用户或应用为出发点的情境下,科学研究至市场化的产业化进程将会整体加快,这也为一段时间内三个阶段同步处在高速增长期提供可能。以多数用户或应用为出发点的科学研究由于未考虑具体用户的专属特性,致使成果应用时可能会出现不适应应用环境的情况,导致其应用风险较大或者市场化前需调试的内容较多,过程较繁复,因而时间成本上不如以具体用户或应用为出发点的科学研究。但是由于推论建立在石墨烯产业案例分析基础之上,所以以具体用户或产品为出发点的科学研究在扩大同步创新模式所处阶段的潜力上较为适用于具有以科学为基础、专属供应商产业特征的前沿科技领域产业。虽然当前国内石墨烯市场化阶段已开始快速发展,但依旧处于初期,如何加快科学研究至市场化产业化进程对于需要抢占市场先机的前沿领域依然具有研究价值。

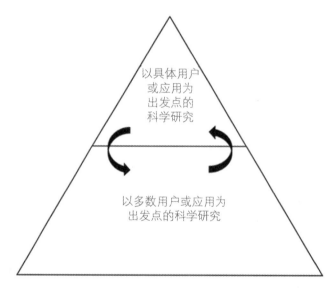

图 4.4　巴斯德象限中以应用为出发点的科学研究分类

当国内石墨烯产业中机构的科学研究以具体用户或应用为出发点时,科学研究将成为用户的个性化定制,专属供应商的性质更为明显,或者成为终端产品公司内部的研发团队。虽然以具体用户或应用为出发点可以为三个阶段同时进入同步创新提供可能,但是过度强调具体用户或应用可能会造成以下问题:第一,科学研究的重心可能完全偏移到以应用为出发点,而以提高认识为出发点的科学研究将会被忽视,巴斯德象限中对认识的提高作用将无法发挥,进而转向爱迪生象限,这对于原本科学研究累积较少的前沿领域来说不利于后期更深层次认识的挖掘,也会限制以应用为出发点的科学研究发展。第二,减少了生产方的商机,也导致其被收购的风险增加。作为专属供应商,当产品中注入某应用方个性需求意见逐渐增多,也意味着其逐渐远离其他下游用户,可能会扼杀其他潜在商机。从长远发展来看,这对于需要拓展关系网的中小企业来说并不利,同时下游应用方尤其是终端产品生产方,以大型企业居多,这会增加中小企业后期被收购的风险。在提倡以具体用户或应用为出发点的科学研究的同时,政府应做好不同出发点科学研究的分配和规划,企业也需对未来发展路径具有清晰的认识。

本章小结

本章从产业特性和技术制度角度探讨国内石墨烯产业形成同步创新模式的原因,并进而总结了在一定程度上可能会实现不同创新阶段进入同步创新模式的技术条件。同步创新模式适合于前沿领域,因为所有创新阶段皆未发展成熟,如果某一阶段发展成熟,已不具备再进入高速发展的条件,因而也不会与其他阶段形成同步创新。除此之外,本书以国内石墨烯产业为案例得到更为详细的同步创新模式产生所需的技术条件:① 以科学为基础的产业中,其科学研究处于巴斯德象限中并且知识和技术转化皆未进入瓶颈期或饱和期时,科学研究与技术应用阶段可能会出现同步创新,同时处于巴斯德象限时间越长,同步创新模式持续时间可能会越长。② 以科学为基础的产业和专业供应商产业中,早期可能因为高校和科研机构在科研方面积累较多并且重视专利,科学研究与技术应用阶段可能会出现同步创新。③ 以科学为基础的产业中,科研型中小企业较多产业可能会出现技术应用与市场化阶段同步创新。④ 专业供应商产业和以科学为基础的产业中,对下游需求信息的重视可能会使其在技术应用阶段引入市场信息,为技术或产品添加商业价值,致使市场化阶段在技术应用阶段未结束之前便开启,形成两阶段同步创新的局面。

第 5 章
同步创新模式形成的外部原因

5.1 中国石墨烯专项或相关政策分析的研究设计

5.1.1 公共政策工具的选择

本章研究选择的公共政策工具主要为政策和行为措施。Dosi 认为在考虑技术制度以及产业特性对技术影响的同时,也需要综合考虑经济和社会环境(Castellacci,2008),而政策是推动经济和社会环境运转的保障条件(Baark,2001)。Pratten 和 Deakin(2000)认为政策也是技术制度的构成部分,因为政策在提供技术制度所依赖的物质设施和知识基础方面扮演重要角色。Padilla-Pérez 和 Gaudin(2014)认为政府可以通过颁布一系列科学、技术和创新政策来支持科学、技术和创新活动,因而 Aldridge 和 Audretsch (2010)认为政策对技术创新具有重要影响,可能体现在对发展路径和发展模式的影响上。政策是公共管理领域的代表性手段,主要指在一种既定行为和语境下管理的方式和行动,既可以由公共部门执行,也可以由私人部门执行(Kuhlmann et al.,2019),因此,以政策为视角开展主要讨论的是公共部门执行的管理行为。为了解政策如何支持国内石墨烯产业创新的同步创新模式,需要证明国内确实存在支持石墨烯产业创新的政策,并且分析哪些政策内容可以体现出对同步创新模式的倡导。但是不同的政策名称不同,例如指导方法、通知、办法等,所以本章在列举这类政策时使用"政策/文件"的提法,防止以偏概全。同步创新模式除了制定政策外的促进和维护,还需采取具体的行动措施,而这些行动措施可能是具体办法的开展,也可能是部分平台的建立,但是主要还是以政策/文件为指导,所以下面主要通过两个层面展开:一是论述同步创新模式在国内石墨烯政策中的表现;二是分析国内公共管理层面如何运用相应的行动措施来促进和维护同步创新模式在国内石墨烯产业中的开展。

5.1.2 政策研究方法的选择

本书主要基于对国内石墨烯专项或相关政策的分析,因此以文件分析(document analysis)为主要研究方法。文件分析是评估和审阅文件的一个系统过程,根据分析后的结果去阐述意义和提高认识,扩大实证知识信息。文件分析中的文件包括任何的纸质材料和电子材料,是一种诞生于社会化的产物,形式不拘于文字或图像(Bowen,2009;Atkinson,Coffey,2011)。石墨烯首次出现的国内政策/文件为2009年7月21日上海市科委下达的《关于2009年度上海市自然科学基金项目的通知》,首次出现的国家级政策/文件为2012年1月工业和信息化部印发的《新材料产业"十二五"发展规划》,本书的统计时间为2009年1月1日至2017年12月31日;统计方式为浏览各级政府、经济和信息化委员会、发展和改革委员会、科技局(科委、科技部)网站,在搜索栏中输入关键字"石墨烯",一一筛选统计石墨烯相关和专项政策;如果政府网站不具备此功能,则进入信息或政务公开栏,一一对政策进行筛选;级别跨度为国家级、省(直辖市、自治区)级、市(县、区)级文件中石墨烯专项或相关发展政策;政策类别或形式包括规划(纲要)、法律、法令、措施、办法、方法(Howlett,1991),以及行动计划、工作纪要、答复函、重要领导人讲话等。统计结果分成专项政策/文件(即以石墨烯为主题的政策)、相关政策/文件(不以石墨烯为主题但提及石墨烯的政策)。截至 2017 年 12 月 31 日共计有 843 项政策/文件涉及石墨烯,具体数据如表 5.1 所示。

表 5.1　2009—2017 年国内石墨烯专项和相关政策/文件统计

级　别	专项政策/文件数量	相关政策/文件数量
国家级	3	44
省 (直辖市、自治区)级	8	272
市 (县、区)级	21	495
总　计	32	811

注:数据统计截至 2017 年 12 月 31 日。

2016 年为国内石墨烯政策/文件数量增长的爆发期(图 5.1),本书认为与 2015 年 11 月工业和信息化部、发展和改革委员会、科技部联合印发的《关于加快石墨烯产业创新发展的若干意见》具有一定的关系,2017 年除了市级政策继续增加外,国家级和省级政策开始减少,国内不同级别政策制定具有一定的时间差,下级机关以上级机关的政策制定为依据,这也是国内"自上而下"公共管理模式的一种体现(Dan,2016),但是地方政府也具有一定的自主权,可以结合地方实际对政策内容进行一定的调整。

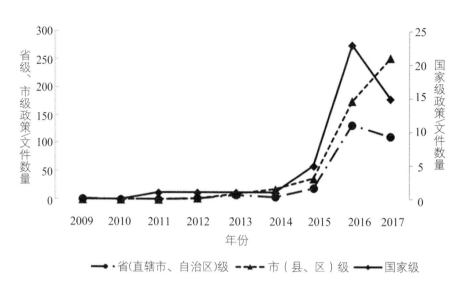

图 5.1　2009—2017 年国内石墨烯政策/文件数量变化

5.2　同步创新模式在中国石墨烯政策中的表现

5.2.1　促进不同创新阶段协同发展

由于研究关注的是不同创新阶段处于同步创新模式,而直接强调这方面的国内石墨烯专项政策/文件数量占 46.88%,相关政策/文件数量占 9.22%(表 5.16)。2016 年北京市科学技术委员会宣布启动《北京市石墨烯科技创新专项(2016—2025 年)》时强调:"北京将同步推进石墨烯基础研究、应用基础研究、标准、工艺、装备和应用,打造国际一流的石墨烯协同创新平台。"这是政府的政策/文件中直接强调同步创新模式的代表性案例。但是大部分政策中对于同步创新存在表述方式和内容上的改动,主要表现在以下两个方面:

(1) 政策中较多使用"协同"的概念。"协同"一词近年来较多用于"协同创新"概念中,并且也直接反映在部分石墨烯政策中,例如,2016年4月工业和信息化部印发的《工业强基2016专项行动实施方案》、2016年6月浙江省经济和信息化委员会印发的《浙江省新材料产业发展"十三五"规划》。"协同创新"与本书研究的"同步创新"不同。"协同创新"主要强调的是创新主体参与方式,即企业、政府、知识生产机构(大学、研究机构)、中介机构和用户等为了实现重大科技创新而开展的大跨度整合的创新组织模式(陈劲,阳银娟,2012),在部分政策中也使用"集群攻关""联合攻关"等表述方式,因此,本书倾向于解读成政策鼓励石墨烯产业中不同创新主体共同致力于不同创新阶段的同步创新。

(2) 不同政策强调的创新阶段不同,并且所用名称与前面定义的石墨烯创新阶段不同。例如2015年11月由工业和信息化部、发展和改革委员会及科技部颁布的《关于加快石墨烯产业创新发展的若干意见》中强调"生产"和"应用"协同开展,"生产""应用"概念较广,前者可能与本书定义的"科学研究"与"技术应用"阶段相交叉,而"应用"阶段接近于技术应用与市场化阶段。2017年1月上海市经济和信息化委员会印发的《上海市促进新材料发展"十三五"规划》强调的创新阶段较为完整,表示"从设计研发到批量应用供货","设计"接近于前面提及的"概念形成","批量应用供货"接近于市场化阶段,因此,《上海市促进新材料发展"十三五"规划》强调的创新阶段与本书定义的石墨烯创新阶段较为接近(表5.2)。

表 5.2　部分体现不同创新阶段协同创新的国内石墨烯政策/文件

政策/文件名称	印发时间	印发机构	内　　容
《工业强基 2016 专项行动实施方案》	2016 年 4 月 1 日	工业和信息化部	重点开展石墨烯材料等"一条龙"应用计划,通过项目和经费支持等模式,实现产品和技术研发、产业化、试验检验平台、示范推广等"一条龙"协同推进
《浙江省新材料产业发展"十三五"规划》	2016 年 6 月 29 日	浙江省经济和信息化委员会	推动新材料上下游企业互动对接、配套协作,实现设计、研发、制造协同创新
《上海市促进新材料发展"十三五"规划》	2017 年 1 月 3 日	上海市经济和信息化委员会	实现材料从设计研发到批量应用供货等多环节的协同促进
《福建省石墨烯产业发展规划（2017—2025 年）》	2017 年 7 月 19 日	福建省人民政府办公厅	实现散热材料与终端产品同步设计、系统验证、批量应用与供货等多环节协同促进,并最终实现产业化和市场化

　　部分政策并未像上述政策强调"协同"或者"同步",但是同时提出发展相同技术或产品领域的不同创新阶段,也不能排除其鼓励在这些阶段中推

行同步创新的可能性。这些政策较侧重于"研发"与"应用"阶段的同步开展,与本书定义的国内石墨烯创新中"科学研究"与"技术应用"阶段较为接近,因而具有推广两个阶段同步创新的可能性。例如表5.3列举的前三项政策皆提出石墨烯在微电子、电容器、触摸屏等领域中继续推行研发和应用推广,第4项政策并未明确强调具体领域,但提出了"推进石墨烯技术研发和生产应用"。据统计,共有62.50%的专项政策/文件和26.64%的相关政策/文件涉及此内容(表5.16)。

表5.3 部分体现发展不同创新阶段的国内石墨烯政策/文件

政策/文件名称	印发时间	印发机构	内容
《无锡市"十三五"制造业转型发展规划》	2016年8月16日	无锡市经济和信息化委员会	加大石墨烯在微电子、超级电容器、透明导电薄膜、导热材料、复合材料、超级催化剂、电线电缆以及环保产业等领域的研发和应用推广
《陕西省"十三五"科学和技术发展规划》	2016年10月17日	陕西省科技厅	石墨烯材料储能装备的研发及产业化
《重庆市科技创新"十三五"规划》	2016年11月3日	重庆市人民政府	重点开展石墨烯触摸屏、电池、传感器、柔性电子器件等石墨烯材料应用及加工工艺的研发创新和推广应用
《黑龙江省制造业转型升级"十三五"规划》	2017年9月21日	黑龙江省人民政府	推进石墨烯技术研发和生产应用

5.2.2　促进市场化阶段与其他阶段同步创新

以应用等下游市场为牵引或导向,强调市场需求对创新进程的指导性。前面提及,市场需求包括市场信息,而市场信息的植入表示技术或产品被赋予商业价值,也代表市场化阶段的开启。政策中强调在石墨烯生产之前以市场需求为指导,而生产包括"科学研究"与"技术应用"阶段,这在一定程度上会间接促成市场化阶段与"科学研究"或"技术应用"阶段形成同步创新。如果是以具体市场需求为指导,可能会有助于前面设想的"以具体用户或应用为出发点"的科学研究的形成。2015年12月工业和信息化部等三部委印发的《关于加快石墨烯产业创新发展的若干意见》中强调要"以终端需求为牵引",这跨越了整个石墨烯产业链,试图解决石墨烯及其应用产品的最终应用。终端产品是普通消费者可以购买的产品,包括量产、消费者需求、市场流通等信息,由于石墨烯是前沿材料,之前关于这方面信息的积累较少,所以需通过市场化不断完善,这便会造成市场化与技术或产品调试同步进行的状态,与Salerno等(2015)强调的"发展"与"扩散/市场/销售"平行发展的状态相似,因此,在一定程度上会促使市场化与其他创新阶段形成同步发展。表5.4中列举的《四川省石墨烯等先进碳材料产业发展指南(2017—2025)》中明确表示通过"市场导向、应用带动",可以"实现石墨烯等先进碳材料行业高端产品研发与高端应用领域开拓的良性互动发展",互动发展的概念接近于同步发展,因而这里强调的高端领域"产品研发"与"应用"的互动发展,在一定程度上等同于"科学研究"与"技术应用"甚至是"市场化"阶段同步创新。据统计,共有53.31%专项政策/文件,22.73%的相关政策/文件涉及此内容(表5.16)。

表5.4 部分体现以下游应用/市场需求为牵引的国内石墨烯政策/文件

政策/文件名称	印发时间	印发机构	内容
《宁波市石墨烯技术创新与产业中长期发展规划》	2014年5月28日	宁波市科学技术局,宁波市发展和改革委员会,宁波市经济和信息化委员会	以应用为牵引、以研发为支撑、以制备为核心的发展思路
《四川省石墨烯等先进碳材料产业发展指南(2017—2025)》	2017年3月28日	四川省经济和信息化委员会	坚持市场导向,应用带动。围绕高端市场需求,积极开发高端产品,全面推进标准化、系列化、产业化、规模化,形成产业链,积极开拓下游应用市场,实现石墨烯等先进碳材料行业高端产品研发与高端应用领域开拓的良性互动发展
《北京市加快科技创新发展新材料产业的指导意见》	2017年12月26日	北京市科学技术委员会	面向重点应用领域的未来发展需求,在石墨烯等低维材料等前沿方向,着力推进原始创新和颠覆性技术创新

5.2.3　促进产业链上下游协同发展

通过对《黑龙江省石墨烯产业三年专项行动计划(2016—2018年)》(2016年6月印发)、《福建省石墨烯产业发展规划(2017—2025年)》(2017年7月印发)技术路线图、《北京市石墨烯科技创新专项(2016—2025)》(2016年8月印发)、《2016年青岛市科技发展报告》(2017年6月印发)、《宁波市"3511"产业投资导向目录和智能制造评判标准》(2017年6月印发)等政策的解读,石墨烯产业链上下游大致由"石墨烯原材料、应用材料和元器件、终端产品"构成,具体内容如表5.5所示。产业链上下游生产的技术或产品存在不在相同机构完成的情况,例如石墨烯电容器的终端应用为手机、平板电脑等,石墨烯涂料的终端应用为轮船、汽车等,这些终端应用厂商的经营业务并不包括石墨烯。2018年10月上海市石墨烯产业技术功能型平台相关负责人在访谈中表示,国内石墨烯终端产品生产商多为大型企业,而石墨烯产业的中小企业居多,因此,终端应用厂商与石墨烯应用材料和元器件生产商在很大程度上并不为同一家机构。例如宣布未来将采用石墨烯电池的华为、比亚迪公司,根据启信网信息显示(检索时间:2019年2月23日),它们自身经营业务并不包括石墨烯及其电池的生产,所以它们需与上游企业合作,上游企业在合作的产业链中主要负责石墨烯电池的科学研究与较为前端的技术应用阶段,例如中试以前,华为等公司作为下游企业负责石墨烯后续技术应用及市场化阶段。当二者开展合作,下游企业为上游企业提供应用或市场需求,或者如果在技术应用中出现问题则返回上游公司科学研究阶段进行调试,这可能会形成不同阶段的同步创新,因此,产业链上下游协同发展在一定程度上也会激发不同创新阶段进入同步创新。截至2017年12月31日,共有56.25%的专项政策/文件,18.81%相关政策/文件提出相关内容(表5.16),表5.6列举了部分提出促进上下游协同发展的政策/文件。

表5.5 "石墨烯原材料—石墨烯应用材料和元器件—终端产品"产业链

名　称	内　容	案　例
石墨烯原材料	石墨开采和加工	基材石墨——超高纯石墨粉、氟化石墨、氧化石墨等
石墨烯应用材料和元器件	应用材料	石墨烯薄膜和粉体、石墨烯复合材料、石墨烯电池、石墨烯涂料等以石墨烯为材料制成的应用成品等
	元器件	石墨烯在电子器件等中的应用等
终端产品	石墨烯最终应用的领域	包括新能源汽车、智能手机、环保产业、生物制药、海工装备、航空航天等

表5.6 部分体现产业链上下游协同发展的国内石墨烯政策/文件

政策/文件名称	印发时间	印发机构	内　容
《黑龙江省石墨烯产业三年专项行动计划(2016—2018年)》	2016年6月13日	黑龙江省人民政府办公厅	引导石墨烯材料生产企业与下游应用企业加强上下游协作和联合攻关,共同推进石墨烯新产品的研发生产和示范应用
《攀枝花市石墨产业发展规划》	2017年1月	攀枝花市石墨产业发展规划评审会	通过战略重组、技术转让和协作配套等方式与上下游企业建立紧密合作关系
《池州市工业和信息化发展"十三五"规划》	2017年3月29日	池州市人民政府	坚持产业上下游之间的共同促进、协同发展,强化技术、产品、网络、服务之间的能力配套

续表

政策/文件名称	印发时间	印发机构	内 容
《宁波市"3511"产业投资导向目录和智能制造评判标准》	2017年6月14日	宁波市经济和信息化委员会	石墨烯不同产业链的生产内容

5.3 促进和维护同步创新模式的代表性政策工具

5.3.1 同步发展支撑型和服务型产业生产内容

石墨烯技术和产品生产离不开生产或检测工具及设备等支撑型产业，其应用也离不开技术转让、技术咨询、市场合作等服务型产业，而当石墨烯产业进入同步创新模式时，其所有创新节奏被加快，更需保证此类支撑型和服务型产业的同步发展。因此，国家出台一些政策鼓励石墨烯支撑型和服务型产业生产内容同步发展，具体表现为"石墨烯及其应用产品(以下用"产品"代替)、制造工艺(技术)、装备、服务型技术"的同步发展。制造工艺(技术)、装备是产品制造的前提，而服务型技术引导产品制造、技术改进等创新活动的有序展开(Xie et al.，2015)，四者在普遍认知中的关系大约是"制造工艺(技术)+装备+服务型技术→产品"，产品与其他三者之间具有时间性顺序。但是在国内石墨烯产业的发展中，制造工艺(技术)、装备、服务型技术方面还未发展至基本成熟阶段(Madhuri Sharon，Maheshwar Sharon，2015；Peplow，2016)，因此，按照时间逻辑推算，产品出现还未达火候。一些政策中(表5.7)提出在产品研发过程中同时探索和提升石墨烯等新材料的制造工艺、检验技术、装备和产品,它们互相影响,并未呈现四者在之前前沿科技产业中严格的时间顺序,相反提倡以可缩短时间的平行发展模式展开。当然不可否认的是如果将视角放置于具体某一项石墨烯产品或技术研发中,"制造工艺(技术)+装备+服务型技术→产品"的线性顺序还需遵循,但是将视野放置于石墨烯整个领域的科学研究中,产品、制造工艺(技术)、装备、服务型技术趋于同步开展的设计路径上。截至2017年12月31日,共有65.63%的专项政策/文件,18.81%的相关政策/文件体现此内容(表5.16)。

表5.7 部分体现石墨烯支撑型和服务型产业生产内容与石墨烯产业生产内容同步发展的政策/文件

政策/文件名称	印发时间	印发机构	相关内容
《安徽省战略性新兴产业"十三五"发展规划》	2016年9月13日	安徽省人民政府办公厅	促进关键工艺及核心装备同步发展
《"十三五"先进制造技术领域科技创新专项规划》	2017年4月14日	科技部	推动新技术研发与装备研发同步发展
《深圳市科技创新"十三五"规划》	2017年4月24日	深圳市科技创新委员会,深圳市发展和改革委员会	探索石墨烯等新材料的制造工艺和检测技术
《常州市关于加快石墨烯产业创新发展的实施意见》	2017年4月	常州市委,常州市人民政府	促进关键工艺和核心装备同步发展

产品和装备工艺(技术)研发分属于产品创新和工艺创新,装备和服务型技术的研发作为产品和工艺研发的保障及引导贯穿于产品创新和工艺创新中。Hullova等(2016)认为,产品创新和工艺创新之间存在四种关系,其

中一种为互惠型互补关系,即平行发展产品创新和工艺创新,可以使产品创新和工艺创新之间的互补程度达到最理想状态,可以为其他产品或工艺创新提供机会,同时有助于发展新产品和新生产技术的突破性创新的发育。石墨烯科技政策中提倡的产品、制作工艺(技术)的平行发展,为产品创新和工艺创新追求最高的互惠度提供可能,也让产品研发和技术研发更有可能融为一体,同时产品创新和工艺创新的平行开展可以平衡上游和下游的利益。Anderson 和 Tushman(1991)曾比较二者,认为消费者更为关心的是产品创新,因为他们直接接触的是产品,并不熟知产品背后的生产工艺和流程;相反,工艺创新通过改良制作流程和技术提高产品生产质量,降低生产成本等,企业更为受益,因此,企业较为注重工艺创新。生产方和应用方二者须达到平衡才可维系购买关系,分别位于产业链中的上下游,因此,产品创新和工艺创新的平行发展可以最大限度同时满足上下游的利益,这既是政策制定者对于创新过程中利益分配的考量,也可以促进产业链上下游协同发展。

5.3.2 同步发展技术双向扩散

同步创新加快了技术发展,也需同步加快技术引进和技术输出,既保证技术供应也可以防止技术泛滥,二者被统称为技术扩散。为了使石墨烯产业技术扩散融入同步创新,国家出台相关政策鼓励技术"引进来"和"走出去"同步发展,不限制地域范围,既可以丰富技术来源渠道,也可以拓展技术转让范围。通过政策文件分析,至截止日期,国内有50%的专项政策/文件、9.22%相关政策/文件鼓励在研发过程中同步推进"引进来+自主研发"和"走出去+自主研发"的双向技术扩散路径(表5.16)。"引进来"和"走出去"可以带来大量资源跨国流动,尤其是人力资源,这被 Mazzoleni 和 Nelson(2007)看作技术赶超成功的三个共同因素之一。由于近代国内科技发展与先进国家之间的差距,"引进来"一直是国内科技发展的方式之一,国内石墨烯政策中提及引进国内外先进资源和技术的不在少数,例如2016年12月印发的《青岛市推进中英地方贸易投资合作重点城市建设实施方案》、2017年2月印发的《广西科技创新"十三五"规划》等。

"走出去"方面,国家鼓励企业或者科研机构通过项目合作、收购、并购或直接投资等方式设立海外研发机构或者参与海外研发机构的研究过程,如《关于加快石墨烯产业创新发展的若干意见》(2015年11月印发)等,既利于全球研发资源集聚,同时有助于掌握国外前沿科学研究的前沿动态,也是科研实力增强的直接体现。在地方政策上,更多地通过奖金激励国内企业或研发机构在国外设立研发平台或企业,具体以表5.8中《关于促进无锡石墨烯产业发展的政策意见》《常州市武进区人民政府关于进一步加快先进碳材料产业创新发展的若干意见》为例,尤其是后者对于"引进来"和"走出去"皆给予奖励。论文合著反映国内石墨烯科学研究与国外科研合作情况,也间接反映出"引进来"和"走出去"的实践效果,通过Web of Science核心合集提供的国内论文合著情况来看,截止到2017年,国内在石墨烯领域论文合著国家共计71个,大约与全球58%参与石墨烯研究的国家进行了合作。

表5.8 部分体现石墨烯技术"引进来""走出去"的国内石墨烯政策/文件

政策/文件名称	印发时间	印发机构	内容
《青岛市推进中英地方贸易投资合作重点城市建设实施方案》	2016年12月20日	青岛市商务局	积极推进青岛市"基于石墨烯新型电子传感器的多导联可穿戴心脏监控设备与系统"、石墨烯复合材料、石墨烯浆料制备等项目的研发进程,支持青岛与英国相关企业以成立合资公司形式深化合作,共同推进英国技术和项目在青岛转化

续表

政策/文件名称	印发时间	印发机构	内　　容
《广西科技创新"十三五"规划》	2017年2月27日	广西壮族自治区人民政府办公厅	发掘区内具有先进石墨烯制备技术的优秀团队，引进国内外领先的石墨烯研发领军人才和团队
《关于促进无锡石墨烯产业发展的政策意见》	2014年1月9日	无锡市人民政府	鼓励石墨烯企业并购或建立海外研发机构，对收购国外研发机构的企业，按一定比例给予最高100万元的一次性奖励
《常州市武进区人民政府关于进一步加快先进碳材料产业创新发展的若干意见》	2017年7月15日	常州市武进区人民政府	外资企业或机构在园区建立碳材料研发机构或研发中心，并且对具有一定资历的机构给予20万元的奖励；鼓励企业在海外设立研发机构，支持雇佣外籍专家和研究人员，并视表现程度给予不低于10万元的奖励

"引进来"和"走出去"展开并不限制于国界，国内各区域间合作更加频繁。2017年7月印发的《内蒙古自治区"十三五"科技创新规划》中便提及联合清华大学，与本地的内蒙古工业大学等组建内蒙古自治区石墨烯产业技术创新战略联盟，共同进行石墨烯研发。2016年9月印发的《北京市加强全国科技创新中心建设重点任务实施方案（2017—2025）》提及京津冀协同创新，形成"北京研发-津冀制造"模式，2015年成立的京津冀石墨烯产业发展联盟则是对这个模式的践行。

"引进来""走出去""自主创新"在其他产业的传统创新中可能存在时间

先后顺序,例如将国外先进技术"引进来"后进行一定程度的自主创新,形成一定自身实力后再"走出去",但是在石墨烯领域,"引进来""走出去""自主创新"同步开展,同时区别于过去等待国外或区域外先进技术和产品的引进后再进行自主创新的时间顺序。随着世界创新强国口号的提出,单纯的引进和模仿不足以支撑"量"到"质"的转变。因此,2016年5月印发的《国家创新驱动发展纲要》提出创新能力从"跟踪、并行、领跑"并存、"跟踪"为主向"并行、领跑"为主转变,这也是对该口号的践行。

费曼(Freeman)提出的四种合作战略,即模仿战略(imitative strategy)、依赖战略(dependent strategy)、防御战略(defensive strategy)和进攻战略(offensive strategy),并努力从模仿战略、依赖战略向防御战略和进攻战略转变。依赖战略的操作形式主要是"引进来",指发展中国家或者技术较为落后国家从一个国外先进公司购买或租赁一批技术,并且以合资企业的形式合作。模仿战略即先从国外引进先进技术和产品,然后进行一段时间的分类学习,最后形成自己的技术并追赶先进国家(Xiao et al.,2013),主要体现为"引进来+自主创新"。Xiao等(2013)认为中国的早期科技发展便是在前两种战略之间徘徊。防御战略指通过渐进性创新和研发寻求新技术和产品的机会,并以专利的形式进行保护,其操作方式主要是"自主创新"。进攻战略指通过不断的突破性创新寻求全新技术和产品,最后使自己成为该领域内产品和技术的引领者(Xiao et al.,2013),然后"走出去",其操作方式是"走出去+自主创新"。因此,"引进来""走出去""自主创新"同步开展体现了国内从依赖战略、模仿战略到防御战略、进攻战略的不断演化。

5.3.3 设立应用专项补贴或资金

Padilla-Pérez 和 Gaudin(2014)认为除了政策外,资金支持也是科学、技术和创新政策支持的另一重要补充方面,其主要表现为风险投资、银行贷款等。前面提及当前石墨烯及其应用产品主要以基础材料和基础零部件的形式应用于下游产品中,需要与其他零部件相契合才能在最终应用产品中展现"1+1>2"的效果。但是处于前沿领域的石墨烯技术尚未成熟,不仅会影响最终应用产品效果,也会造成与之相契合的零部件效果无法发挥,进而造成浪费,同时单层高质量批量生产技术尚未突破,致使石墨烯产品成本价格较高,无形中增加了应用方的风险成本。这些前沿领域原本便具有的风险,在其进入同步创新模式后,缩短了风险的暴露时间并加剧了其影响程度,进一步降低了本来就对前沿领域持较为保守态度的应用方进入市场的积极性,或者致使原本已在市场中的应用方退出市场。作为重要的创新主体,应用方是所有创新阶段尤其是技术应用和市场化阶段持续进行的参与方,因此,其进入与否以及时间早晚都对创新具有影响。虽然出发点不同,应用方和生产方进入市场的时间不同,但是为了加快石墨烯产业化,抢占市场先机,国家、机构和产业可能都希望尽量缩短二者之间的时间差,尤其是同步创新模式需要进一步缩短二者之间的时间差,于是政府需鼓励和推动应用方进入市场,这是产业首批次应用保险出现的背景之一。

同步创新模式下,众多创新环节被提速,在一定程度上缩短了技术或产品进行市场应用前的检验期,最后也表现为市场化阶段与其他阶段同步发展。因为有的产品检验期需几年时间,时间成本较高。例如在涂于轮船外层的重防腐涂料中添加一定比例的石墨烯后可以提升防腐效果和延长防腐期限,尤其是在重盐侵蚀的海水环境中,但是完整的检验期通常为3年左右,这对于急于抢占市场先机的国家、机构和产业来说过于漫长,所以部分机构在一定程度上缩短检验期限,将产品提前推至市场应用,在市场应用中实现技术应用的检验,促使市场化阶段与技术应用阶段在这段时间内实现同步创新,这也再一次强调了市场化阶段在创新中的重要性,既成为技术或产品的检验平台,也为后续研发和生产提供了行动参考。但是缩短检验期无疑会增加石墨烯的风险成本,导致有可能在应用中出现问题,给应用方造成损失。这是产业首批次应用保险出现的背景之二。

为此,2017年8月工业和信息化部、财政部、中国银行保险监督管理委员会(现为国家金融监督管理总局)联合下发《关于开展重点新材料首批次应用保险补偿机制试点工作的通知》,对于用户在首年度内购买使用《重点新材料首批次应用示范指导目录》(每年更新)内的同品种、同技术规格参数的新材料产品进行投保,涉及生产和使用首批次新材料的企业。当年石墨烯、橡胶等五项产品被纳入《重点新材料首批次应用示范指导目录》(2017年版)中。《关于开展重点新材料首批次应用保险补偿机制试点工作的通知》中规定:"符合条件的投保企业,可申请中央财政保费补贴资金,补贴额度为投保年度保费的80%。保险期限为一年,企业可根据需要进行续保。"这对应用方来说,一旦出现因技术或产品不成熟等客观因素而造成的应用损失,政府愿为其承担较大比例的亏损,这为应用方进入市场提供了后盾,等于变相鼓励其进入市场,消除其后顾之忧,也能在缩短技术或产品进入市场时间的同时,维护同步创新模式的持续进行,否则应用方的陆续退出在一定程度上会阻滞市场化、技术应用阶段的发展,致使二者退出同步创新模式。但是时间上的缩短不代表放弃对质量的要求,首批次应用保险只给予一定期限和一定额度的补偿,并且只针对客观原因造成的损失,放弃质量而去追求速度的主观性过失造成的损失不在保险范围内。

随着国家层面首批次新材料应用保险的推出,多省市开始出台多项政策助力保险机制在地方落地和推广,截至2017年12月31日,涉及此内容的专项政策/文件占78.13%,相关政策/文件占9.09%(表5.16)。这些政策多是衔接国家新材料首批次应用保险补偿政策,将石墨烯产业纳入试点范围,鼓励本地企业申报,但没有再进一步结合本地情况制定更为具体的首批次保险措施。例如2017年11月南平市人民政府印发的《南平市先进制造业发展规划(2017—2025年)》中便要求积极对接国家新材料首批次应用保险补偿机制试点工作,鼓励本地企业申报。

也有城市尝试出台本地补贴办法。例如2017年11月宁波市经济和信息化委员会等五家机构联合发布的《宁波市智能装备首台(套)和新材料首批次应用保险补贴工作实施办法(试行)》中规定,除了对符合工业和信息化部《重点新材料首批次应用示范指导目录》的本地新材料生产企业,按照《关于开展重点新材料首批次应用保险补偿机制试点工作的通知》规定享受中央财政补助政策外,市财政决定给予配套补贴,具体详见表5.9。2018年,随着泉州市、青岛市等地石墨烯专项政策相继出台,根据当地情况研究制定的新材料首批次应用保险补偿办法开始涌现。与此同时,也有部分省市已将首批次保险机制落到实处。四川省根据本地情况研究制定的新材料首批次应用保险补偿办法,新材料首批次综合保险已在2017年11月首次成功签约,保险机构为太平洋财险四川分公司,保险对象为德阳烯碳科技有限公司生产的石墨烯PM2.5电极条新材料,保险金额为720万元,承保因产品质量缺陷导致的合同用户企业要求修理、更换或退货的质量风险和因产品质量缺陷造成合同用户企业财产损失或发生人身伤亡的责任风险。

并不是所有针对应用方的补贴都体现为首批次保险机制,只是这种方式较为普遍,也有地方政府设立应用专项补贴或资金鼓励应用方开展石墨烯技术或产品应用,例如表5.9列举的《德阳市人民政府关于加快推进德阳市石墨烯产业发展的实施意见》和《厦门市新材料产业"十三五"发展规划》,本质上与保险机制相同,也是为应用方分担因客观因素造成的损失,促进更多的应用方进入市场。统计时间范围内共有11.66%的政策中有相似条款。

表5.9 部分体现石墨烯产品首批次应用保险或应用补贴的国内石墨烯政策/文件

政策/文件名称	印发时间	印发机构	内容
《南平市先进制造业发展规划(2017—2025年)》	2017年11月27日	南平市人民政府	积极对接国家新材料首批次应用保险补偿机制试点工作,鼓励符合条件的投保企业申请中央财政保费补贴资金

续表

政策/文件名称	印发时间	印发机构	内容
《宁波市智能装备首台（套）和新材料首批次应用保险补贴工作实施办法（试行）》	2017年11月13日	宁波市经济和信息化委员会，宁波市推进"中国制造2025"工作领导小组办公室，宁波市财政局，宁波市人民政府金融工作办公室，中国保险监督管理委员会宁波监管局	在中央财政保费补贴80%的基础上，宁波市财政首年度补贴20%，第二年补贴10%，第三年不再补贴
《德阳市人民政府关于加快推进德阳市石墨烯产业发展的实施意见》	2016年6月2日	德阳市人民政府	德阳市相关生产企业采购应用我市石墨烯产品，按照采购金额的1.5%给予最高不超过20万元的专项补贴
《厦门市新材料产业"十三五"发展规划》	2016年11月17日	厦门市经济和信息化局	针对目前仍缺乏石墨烯产业引导的政策和规划，设立"石墨烯产业化应用开发"专项资金，以扶持石墨烯的下游应用企业做相关应用产品的开发

5.3.4 推广产业化示范应用工作

在同步创新模式加剧既有风险的背景下,应用方更不愿进入市场甚至退出市场,这对于已进入市场的生产方也是一种打击,其生产的技术或产品无法寻找销路,短期内致使产品堆积,造成资源浪费,长期将危及生产方生存。尤其是国内石墨烯产业以中小企业居多,其抵抗风险能力相比大型企业较弱,长期来看将不利于继续存在于市场的生产方获取市场信息指导技术或产品研发,进而造成产业恶性循环,致使整个产业进入瓶颈期或衰退期。所以虽然看上去国内较多石墨烯政策或行动针对应用方,但其实也是对生产方的隐形保护,维护整个产业活力。同步创新模式较难适应生产方与应用方之间的时间差,因此,除了设立应用专项补贴与资金外,国家也推出产业化应用示范行动,推动表现优秀并且在市场化方面具有较大潜力的产品生产方和应用方进入行动中,为整个产业技术或产品应用起到示范表率的作用。

2015年11月工业和信息化部、发展和改革委员会、科技部联合印发的《关于加快石墨烯产业创新发展的若干意见》提出:"围绕新兴产业发展和现代消费需要,瞄准高端装备制造、新能源及新能源汽车、新一代显示器件等领域,推进首批次产业化应用示范。"由于石墨烯属于前沿领域,具体产品领域之间的技术成熟度不同,因此,本着"成熟一批、发展一批"的原则,对具有市场化应用潜力的技术或产品先期进行市场化推广。同时在同步创新模式提速的创新环境下,部分技术或产品的市场化应用无法顺应其自然发展,需要政府等第三方介入将其提前提上日程。但由于石墨烯市场构建仍然不完善,为完善日后市场化措施和行为,先期市场化推广只是尝试性行为,在小范围中试验,这体现了 Kuhlmann 等(2019)提出的针对潜在风险实行尝试性管理方式(tentative governance)。

这种尝试性管理方式为"示范应用",政府优选几家生产方和应用方作为典型企业在典型领域下实现典型技术或产品上的合作，为大范围推广积累经验。典型企业、典型领域和典型技术或产品为政府部门联合技术领域、市场领域等专家学者经过多轮考核后，依据技术成熟度和市场需求度确立的。其中最为典型代表的行动为 2016 年 8 月工业和信息化部印发的《2016 年工业强基工程示范应用重点方向》中发起"石墨烯及其改性材料在工业产品首批次示范应用工作"，并制定具体产品和技术指标，经过严格技术能力和市场需求评估，优选五家产品提供方（生产方）和四家应用方为牵头单位，在选定的石墨烯改性涂料及改性橡胶等三个产品领域中的指定技术实现工程化或应用。例如实现改性电池负极材料在高性能储能器件中的应用领域，要求石墨烯电容器能量密度达到 20 Wh/kg，功率密度达到 3 kW/kg，使用寿命 10 万次，申请方包括常州二维碳素等，应用方为宁波南车新能源科技有限公司等。由于选定时需依据技术基础，生产方相应的技术或产品应有一定的成熟度，而应用方需具备相关产品的应用市场。

合作时政府根据一定的比例金额对项目的仪器设备及软硬件工具等支出提供支持，地方政府也需为本地入选企业提供服务和协调工作。例如常州市有两家企业入选，2016 年 9 月江苏省经济和信息化委员会颁发的《关于做好石墨烯及其改性材料在工业产品首批次示范应用工作的通知》要求入选的生产方和应用方须向当地经济和信息化委员会部门提交各自推进方案和工作计划，同时相关部门对具备推介或技术具备鉴定条件的示范应用开发产品指导相关推介。合作时，应用方可能将其未满足的需求或生产方成果在应用中的反馈信息提供于生产方，在一定程度上促使市场化阶段与其他阶段进入同步创新模式。市场需求是创新的来源，应用反馈又是对创新的提升，这也体现了用户创新。生产方根据用户创新结合生产能力不断调整，并会向应用方提供反馈意见，这和与用户合作前的技术或产品基础共筑成生产者创新。用户创新与生产者创新的融合可以促进同步创新模式的形成，例如工业和信息化部办公厅 2016 年 8 月印发的《关于印发 2016 年工业强基工程示范应用重点方向的通知》中表示"鼓励应用方与提供方紧密合作，形成研发、生产、销售共同体"。研发、生产、销售可以对应创新不同阶段,当不同阶段处于同一共同体内,在一定程度上更加有利于其处于同步创新模式中。

示范应用在地方也得到了推广,但是地方政策针对具体企业的点名扶持更倾向于生产方,例如表5.10中列举的《南通市"十三五"新材料产业发展规划》《重庆市新材料产业发展实施方案》中列出具体企业和具体项目,但是这类企业偏向于生产方,而应用方在这类政策中只是以"推广或侧重相应应用"的内容展现,并未点名具体应用企业名称,可能存在政府与应用企业处于洽谈中的问题。但是也存在部分地方政策点名生产和应用双方,例如2017年6月宁波市慈溪市印发的《慈溪市培育发展石墨烯产业攻坚实施方案》,详见表5.10。表5.10列举的政策中,点名的生产方和应用方以及生产领域由于篇幅有限,并未完整列举。截至2017年12月31日,已有26项石墨烯专项政策中提出或涉及推广示范应用工作,占81.25%,有23.36%的相关政策/文件涉及此内容(表5.16)。部分地方政府或园区管委会与中国石墨烯产业技术创新战略联盟等机构共同成立石墨烯产业应用示范基地来推动地区集聚的石墨烯制备企业和应用企业合作,不限制数量,提供更广泛的空间,截至2018年8月,该类基地已成立21家。

表5.10　部分体现石墨烯示范应用工作的国内石墨烯政策/文件

政策/文件名称	印发时间	印发机构	内容
《南通市"十三五"新材料产业发展规划》	2016年12月24日	南通市人民政府办公室	力促石墨烯开发应用,重点推进如东道森新材料公司石墨烯防腐涂料、江苏必康制药股份有限公司低油超高强聚乙烯纤维及石墨烯复合材料等项目

续表

政策/文件名称	印发时间	印发机构	内容
《慈溪市培育发展石墨烯产业攻坚实施方案》	2017年6月16日	慈溪市推进"中国制造2025"工作领导小组办公室	开展基于石墨烯功能复合材料的绿色家电产品等产品示范应用;石墨烯原材料:宁波墨西科技有限公司千吨级石墨烯粉体生产线建设项目;石墨烯应用:宁波世捷新能源科技有限公司石墨烯改性高比能储能电池电极材料项目等
《重庆市新材料产业发展实施方案》	2017年10月16日	重庆市经济和信息化委员会,重庆市发展和改革委员会,重庆市财政局,重庆市科学技术委员会	通过应用示范助推产业发展,依托重庆墨希科技有限公司、华碳(重庆)新材料有限公司等企业实现石墨烯规模化连续稳定生产,推动其在新型显示等领域应用

5.3.5 成立技术转化或孵化平台

Padilla-Pérez 和 Gaudin(2014)认为政府除了可以通过颁布一些政策来支持科学、技术和创新活动外,也提出三个补充性案例措施,其中一个便是聚焦于促进系统成员互动以及扩散技术知识方面,包括促进公私联合研究、大学和企业之间私人交换、技术转换及促进互动等。为了促进石墨烯生产方与应用方之间合作,缩短二者进入市场的时间差以适应同步创新模式,政府联合其他机构成立了石墨烯创新中心和技术转化平台等机构,为生产方引进合作的应用方,并为二者提供项目合作的空间、设备、人员等资源,促使应用方在创新过程中参与的技术应用或市场化阶段可以与生产方(提供方)的科学研究或技术应用阶段处于同步创新模式。既为石墨烯技术转化和孵化提供扶持,也为同步创新模式的开展提供平台。例如,北京石墨烯研究院通过自身组建专职研发团队为下游企业提供研发代工服务,而下游企业负责明确的应用牵引,并提供相关技术配套支撑,这与前面提出的以具体企业或应用为出发点的科学研究较为接近,有利于创新不同阶段在一段时间内进入同步创新模式,但是目前这种情况并非普遍存在。

石墨烯产业中的中小企业居多,其合作对象较为有限,因此,需借助其他平台扩展自身的产业链合作方。政府作为信誉度较高的机构,其主导的技术服务平台吸引产业链上下游各类机构的参与,这为生产方扩展自己的合作对象提供平台。2016年12月工业和信息化部等部委印发的《新材料产业发展指南》中提出组建新材料制造业创新中心,并以共性关键技术和跨行业融合性技术协同开发、转移扩散和商业应用为主要任务。在地方政策中也有一定的反馈和推广,并定义了技术转化或孵化平台的目标(详见表5.11)。值得注意的是,2017年6月印发的《慈溪市培育发展石墨烯产业攻坚实施方案(2017—2019)》中明确指出,慈溪市石墨烯应用创新中心旨在为技术成熟度4~6级的对象提供服务。2017年12月工业和信息化部公布的《新材料技术成熟度等级划分及定义》中更新了不同技术成熟度的内容,其中4~6级为工程化阶段,与实验室制备或测试完成至中试之间阶段较为接近(详见表5.12),而此技术成熟度成为当前国内较多石墨烯技术转化或孵化平台的服务计划。2018年10月在对上海市石墨烯产业技术功能型平台进行调研时,其服务也定位于技术成熟表的4~6级,同时其相关负责人表示当前国内较多石墨烯技术转化或孵化平台也定位于该技术等级。截至统计时间,涉及此内容的专项政策/文件占65.63%,相关政策/文件占23.11%(表5.16)。

表5.11 部分体现建立创新中心等技术转化或孵化平台的国内石墨烯政策/文件

政策/文件名称	印发时间	印发机构	内容
《黑龙江省石墨烯产业三年专项行动计划(2016—2018年)》	2016年6月13日	黑龙江省科技厅，黑龙江省工业和信息化厅	充分利用黑龙江省科技企业孵化器和新材料产业基地，积极构建和完善适于石墨烯企业孵化及产业化发展平台，以促进石墨烯产业创新链与产业链有效融合与可持续发展
《"十三五"青岛市科技创新规划》	2016年10月28日	青岛市人民政府	建成促进科技成果转化、培养高新技术企业和企业家的科技创业服务载体，建设国际石墨烯创新中心
《四川省石墨烯等先进碳材料产业发展指南(2017—2025)》	2017年3月28日	四川省经济和信息化委员会	依托现有资源和研究基地，建立完善石墨烯等先进碳材料产业发展所需公共研发、技术转化、检验检测与信息交流等平台
《慈溪市培育发展石墨烯产业攻坚实施方案(2017—2019)》	2017年6月16日	慈溪市推进"中国制造2025"工作领导小组办公室	建立慈溪市石墨烯应用创新中心，通过建立"政产学研用资"协同创新机制，以突破技术成熟度4~6级的石墨烯产业共性关键技术为主要任务，通过技术转移扩散、商业化和行业服务，加快成果转化，提升石墨烯产业创新能力

表 5.12 新材料技术成熟度等级划分及定义(2017 年 12 月)

等级	技 术 成 熟 度	阶 段
1	材料设计和制备的基本概念、原理形成	实验室阶段
2	将概念、原理实施于材料制备和工艺控制中,并初步得到验证	实验室阶段
3	实验室制备工艺贯通,获得样品,主要性能通过实验室测试验证	实验室阶段
4	试制工艺流程贯通,获得试制品,性能通过实验室测试验证	工程化阶段
5	试制品通过模拟环境验证	工程化阶段
6	试制品通过使用环境验证	工程化阶段
7	产品通过用户测试和认定,生产线完整,形成技术规范	产业化阶段
8	产品能够稳定生产,满足质量一致性要求	产业化阶段
9	产品生产要素得到优化,成为货架产品	产业化阶段

4~6 级技术成熟度的服务定位意味着平台对于申请方的创新成果具有技术成熟度的要求,主要集中于生产方创新内容,需完成实验室制备或测试,形成样品,这可以让平台吸引更多的应用方,同时也可降低平台运行的风险。在对上海市石墨烯产业技术功能型平台相关负责人进行访谈时,其表示部分类似以平台为服务对象提供的是公益性服务,自身平台便是典型的例子。上海市石墨烯产业技术功能型平台收益主要体现在产品进入市场化后获得收益的提成,如果其未能进入后期的市场化,平台前期提供的服务成本便自行买单,因此,考虑到自身成本以及有限资源的合理分配,需对申请方尤其是科研机构或高校的创新成果有技术成熟度要求。4~6 级技术成熟度的服务定位需申请方的创新成果具有市场化潜力,为衔接 7~9 级产业化阶段做准备,平台在对创新成果进行转化后为其添加商业或市场化价值,从技术或产品样品转化成产品。

由于 4~6 级技术成熟度连接实验室和产业化阶段,在部分平台中成为"打通石墨烯从实验室到产业化'最后一公里'"的口号,例如石墨烯研发与应用联合工程中心、上海市石墨烯产业技术功能型平台、福建省石墨烯产业技术创新促进会等。据不完全统计,截至2018年3月,全国已成立19家石墨烯专业技术转化平台(创新中心),其中一半以上的机构专注于4~6级技术成熟度定位或打通"最后一公里"。部分地方政府可能通过资金补助的形式替代其亲自建设来鼓励技术转化平台的建设,例如深圳市发展和改革委员会2017年9月发布《关于组织实施深圳市2017年第一批石墨烯、微纳米材料与器件领域产业化中试环节扶持专项的通知》,提到政府将提供资金补助石墨烯等中试基地和中试生产线等建设,助力企业跨越从实验室到产业化应用的"最后一公里"障碍,补助资金不超过1000万元。

5.3.6 举办大型交流活动

创新中心等技术转化或孵化平台为石墨烯产业链上下游机构合作提供了平台,但是其服务数量有限,并且聚焦于技术成熟度的4~6级,生产者创新需要达到一定的成熟度,进一步缩小了服务对象范围。因此,为了让更多机构寻找到合适的合作方,政府与其他机构尝试共办石墨烯论坛会议、创新大赛、展览会、展销会等大型交流活动,设置较低门槛,以吸引更多的石墨烯企业,促进更多的产业链上下游合作,促进形成具规模的同步创新。例如表5.13列举的《苏南国家科技成果转移转化示范区建设实施方案》中明确提出组织举办石墨烯创新大会,并由江苏省科技厅、知识产权局以及举办地市政府牵头实施。表5.13还列举了3项鼓励企业参加展览会的政策,在本书统计时间范围内共有8项专项政策、24项相关政策涉及相关内容,尤其是2017年7月印发的《福建省人民政府办公厅关于加快石墨烯产业发展六条措施的通知》,对于大型交流平台组织筹办者给予一定程度的补偿。截至2017年12月31日,涉及此内容的专项政策/文件占34.38%,相关政策/文件占2.53%(表5.16)。

展览会作为这些交流平台的代表,有时穿插在规模较大的石墨烯国际会议中,通过前期多方位宣传,拥有广泛的参观人数基础,扩展了潜在合作机会。例如石墨烯应用博览会,作为全球最大规模的石墨烯产业促进盛会——中国国际石墨烯创新大会的中间环节,庞大的参会人员为其带来较为可观的人气,同时也对社会开放,增加了更多的人流量。中国国际石墨烯创新大会至 2018 年已举办过 5 届,2017 年会议由南京市人民政府和中国石墨烯产业技术创新战略联盟共同举办,共有 56 家机构参展,包括产业园区、技术平台、研究机构和企业。除去产业园区和技术平台,据统计,56 家参展商中有 33 家从事生产或研发石墨烯、石墨烯材料或石墨烯应用产品,21 家经营范围为石墨烯制备或检测设备,2 家为技术服务公司。虽然 34 家参展商经营范围包含石墨烯应用产品,但是多数还需再应用于下游市场,潜在的合作用户存在于参观应用博览会的观众。某家石墨烯中小企业负责人在访谈时介绍,参展时部分处于产业链上游企业推介的技术或产品基本处于中试阶段,距离量产还剩 30%~40% 的任务量,希望可以通过与用户合作共同完成,这样既可以解决销路问题,也不会造成供需脱节。建立合作关系后,如果生产方的技术或产品处于技术应用阶段,那么用户的介入便使其与市场化处于同步创新模式。与前者创新中心等技术转化或孵化平台不同,博览会自身不介入双方合作,完全建立在合作双方的对方评定上,因此,博览会对双方尤其是生产方的创新程度要求较为自由,所以创新进程中不同阶段在用户企业与生产方合作时间期限内皆有可能同步进行。该企业负责人还表示,部分企业往往在产品或技术完成度更低时参展,因为完成度越低,产品越不被过早定型,后续发展和合作空间也就越大,同时前期需要投入的成本也越少。

表5.13 部分体现鼓励企业参与或机构举办大型交流活动的国内石墨烯政策/文件

政策/文件	印发时间	印发机构	内容
《宁波市石墨烯技术创新和产业发展中长期规划（2014—2023）》	2014年5月29日	宁波市科学技术局	积极承接国际石墨烯发展论坛、举办中国石墨烯论坛，加大石墨烯在全社会的宣传力度，同时借助宁波人才科技周、科博会、海洽会等学术与产业交流活动等各种渠道，加强石墨烯相关产品推介，塑造宁波石墨烯产业品牌
《德阳市人民政府关于加快推进德阳市石墨烯产业发展的实施意见》	2016年6月2日	德阳市人民政府	石墨烯企业参加国外各类专业展会的，对展位费按每次展会不超过两个标准展位费的30%给予补贴，每年最高不超过10万元；参加省级、市级政府及相关部门组织的省外、省内各类专业展会且省级财政未给予展位费补贴的，按标准展位费的30%给予补贴，每年最高不超过5万元；其他费用按省内、省外分别给予4000元、5000元的包干补贴
《福建省人民政府办公厅关于加快石墨烯产业发展六条措施的通知》	2017年7月20日	福建省人民政府办公厅	积极支持石墨烯企业、科研机构参加或举办高水平、国际性的石墨烯产业论坛、展会和全球石墨烯创新创业大赛。参加国内外重点论坛、展会的企业，主管部门要做好参展服务，加大补贴力度；对组织筹办全国性专业会议、产业论坛、创新创业大赛等重大活动的单位，主管单位可按实际支出的20%给予补贴，最高不超过50万元

续表

政策/文件	印发时间	印发机构	内容
《苏南国家科技成果转移转化示范区建设实施方案》	2017年12月20日	江苏省人民政府办公厅	组织举办石墨烯创新大会等重点活动

2014—2016年共举办3届中国国际石墨烯材料应用博览会,分别吸引了35家(2014年)、51家(2015年)、65家(2016年)参展商,2018年吸引了62家企业参与,与会的机构更多,例如截至2017年有2000家以上的机构参加中国国际石墨烯创新大会,可顺便到访博览会,同时未参加博览会但参加会议的双方也可以建立合作,为更多的产业链上下游在创新上合作提供了可能。不仅如此,已举办3届的中国(上海)国际纳米及石墨烯展览会规模也不容小视,2019年吸引了约450家企业到场展览,主要由协会和学会主办,没有政府的参与,南京、深圳、广州等城市近年也举办过多场石墨烯领域展会,为生产者创新引入更多的生产方和应用方合作。

5.3.7 案例分析

5.3.7.1 案例一:上海市石墨烯产业技术功能型平台

上海张江综合性国家综合中心作为国内第一个综合性国家科学中心,于2016年4月对外正式公布《上海系统推进全面创新改革试验加快建设具有全球影响力的科技创新中心方案》,提到要"建设关键共性技术研发和转化平台",支撑战略性新兴产业实现跨越式发展,成为上海科创中心"四梁八柱"的重要组成部分,上海市石墨烯产业技术功能型平台便是其中之一。上海市石墨烯科技资源丰富,同时新材料产业又是标杆产业,下游产业市场需求迫切,但是在科研品到商品需要经历的中试阶段培育较为薄弱(侯锐,

2016),并且也未存在专业石墨烯中试平台。为突破"最后一公里",上海市石墨烯产业技术功能型平台应运而生。平台筹建于2014年,正式成立于2015年底,采用政府引导和市场化运作的运营模式。2018年9—10月研究组对该平台进行了文献和实地调研,截至调研时该平台分批与7个科研机构或高校进行了项目合作,还与30家以上企业进行技术对接,提供技术服务,促进了上海市石墨烯产业化进程。

上海石墨烯产业技术功能型平台主要服务于两类机构——高校或科研机构、企业,前者主要扮演着生产方的角色,后者主要为应用方,也有部分为生产方。大部分与平台合作的用户企业与科研机构或高校寻求技术转化的出发点不同,更加多元化,既可以出于问题导向,寻求对于某些特定问题的解决,也可以寻找研发团队力量的支持。因此,并不像科研机构或高校具有进入标准,不需要技术成熟且完成实验室制备。与平台的合作流程较为不固定,同时内容更加多样化,例如技术问题解决、产品样品检测等,所以用户企业为申请方的合作所推动的同步创新在任何阶段皆有可能。企业进入平台的身份较为不固定,生产方和应用方皆有可能,而本书主要聚焦于二者合作,因此,用生产方代替寻求平台帮助的产业链上游,以应用方代替平台介绍的产业链下游,不具体指代是高校、科研机构还是企业。

(1) 上海市石墨烯产业技术功能型平台的介入阶段和介入模式

平台的介入阶段影响同步创新模式所存在的创新阶段,如果是在技术应用阶段介入,上游生产方技术或产品已经具有较高的成熟度,平台需要为其引进应用方,使其变成具有商业价值的商品,进而形成技术应用与市场化阶段同步创新。平台介入阶段与技术转化过程阶段。Audretsch和Caiazza(2016)认为技术转化过程是"知识"→"技术"→"创新",而Roberts(1988)则将创新看作一个过程,需要经历"知识→概念→样品→制作→扩散→使用"等阶段。"知识"被视作创新线性顺序中前沿阶段,主要指基础理论,但多诞生于科研机构中,距离技术转化较远,所以"知识"阶段不纳入技术转化流程中。之所以研究技术转化流程从"概念"开始讨论,Roberts认为是基于最终的应用,对已有的"知识"进行加工而成的,也是发明阶段的重要产物,已融入应用,距离技术转化较近,并是技术形成的来源。"概念"后流程为"技术"→"产品"→"下游终端产品应用",根据平台相关负责人介绍,进入平台的科研机构项目多数是"技术"的形式,同时 Audretsch 和 Caiazza(2016)也将其看作技术转化中"知识"的后一流程。"产品"区分于技术在于是否可以商业化(Arora et al.,2016),Chandy 等(2006)认为技术转化是将一个既定概念(given idea)转化成新出商品(launched product)的能力,所以"产品"成为被赋予商业价值的技术。因此,进入平台技术转化从"概念"至"下游终端产品应用"流程如图 5.2 所示,虽然创新过程不是线性的,但是为了更加清晰地展现平台在技术转化过程中的作用则以线性流程展示。

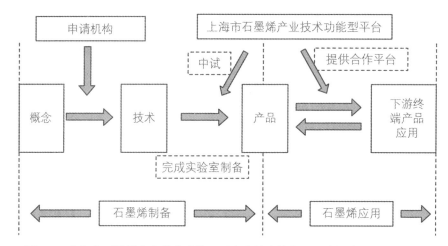

图 5.2　上海市石墨烯产业技术功能型平台在技术转化过程中的介入阶段

由于平台的服务定位于技术成熟表的 4~6 级,对科研机构或高校进驻具有技术成熟性要求,根据平台相关负责人介绍,绝大部分作为申请方的生产方需完成实验室制备,如果以图 5.2 中四个阶段来表示,主要在"技术"→"产品"以及"产品"→"下游终端产品应用"的阶段时介入。平台相关负责人还表示,"概念"→"产品"阶段主要是石墨烯制备,而"产品"→"下游终端产品应用"阶段则是石墨烯应用。因此,平台在石墨烯制备阶段的后期以及石墨烯应用时期介入。前期的"概念"→"技术"阶段属于"实验室阶段",主要在申请机构内进行,包括关键性技术的突破、产品样品的形成、实验室制备等。"技术"→"产品"阶段,平台主要帮助项目完成中试,为项目方提供所需的设备、厂房、人力等资源要素,但也参考项目方是否有需求,尤其是外界技术专家的协助,保证其自主性。提供的设备为实验室不具备且技术领先的大型百公斤级生产设备和测试设备,平台技术人员在项目合作期间借调项目组,进驻前由项目方进行针对性培训。平台注意保护转化项目的技术隐私性,合作期间借调人员不向平台透露技术,合作项目完成后也可以跟随项目组离开或者签订保密协议。平台充分保障项目方的自由性和隐私性,服务时间以不同项目而定,为这个阶段提供三年的服务,也是其功能的主要定位。

国内石墨烯产业生产方和应用方数量差距较大,进而形成供大于求的局面,不利于创新进程的开展以及同步创新模式的持续,因而平台为缓解这一局面,使优秀的石墨烯创新成果得到合理应用,为作为申请方的生产方引荐应用方。平台主要具有以下三个优势:第一,平台由政府引导,而政府的公信力相较于其他类型机构高(Popp,2017),因此,大型企业更愿意和政府合作。第二,项目通过平台联系其他服务机构寻找下游市场的效率更高,同时在熟悉度上也占据优势。第三,平台与应用类企业合作渠道较多。平台与许多应用企业隶属于中国石墨烯产业技术创新联盟,联盟为其提供较多合作资源;平台的产业技术委员会中有来自应用企业的评审专家,部分项目在进入平台前的遴选阶段便可以和这些企业建立合作,还有部分项目是高校或科研机构与已建立合作的企业共同申请的,这也证明了与学术和产业活动者接近是技术转化成功的前提条件(Villani et al.,2017);平台与部分大型企业入选政府主导的石墨烯示范应用工程,主要针对的便是石墨烯产品在部分下游终端产品中的应用。平台自身也愿意帮助项目寻找下游市场,因为作为政府引导的平台,具有公益性和非营利性的性质,在技术转化期间不以营利为目的,投入的回报主要体现在转为"产品"并进入市场后的销售比例提成或孵化公司入股。

在"产品"→"下游终端产品应用"阶段,平台先将中试完成的产品送至部分下游应用大型企业进行终端产品应用的试验,然后与项目方共同针对应用环境中出现的问题进行技术改进。同时下游应用大型企业会向平台提出需求,平台依此招募项目组并请企业人员进行评估遴选,监督技术转化过程,实现无缝对接。平台需借助政府的力量调动市场资源,并且利用国家出台的《关于开展重点新材料首批次应用保险补偿机制试点工作的通知》(2017年9月印发)和推广示范应用等优惠政策建立与大型企业之间的合作关系。进入"下游终端产品应用"的石墨烯才能实现真正意义的量产,进而达到产业化,所以打通石墨烯制备与石墨烯应用对于国内石墨烯产业发展具有重要意义,也是平台在其中发挥的作用。目前小部分项目组不通过平台渠道联系下游市场,完成"产品"阶段后与平台终止合作,或者先通过平台孵化公司,再选择是否与其继续合作寻找下游终端产品市场,因此,技术转化完成后项目方具有多种选择,形成了平台内技术转化的四种模式(图5.3)。

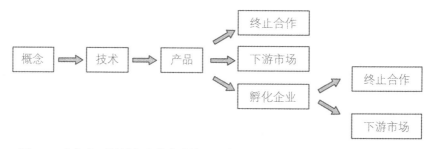

图5.3 上海市石墨烯产业技术功能型平台技术转化的4种模式

以在平台中进行技术转化并致力于制造的石墨烯电池为例,其产品发展流程如图5.4所示。因为当前还未形成真正的石墨烯电池,只能完成组成材料——石墨烯导电剂或电极材料的制备,科研机构或高校的申报平台项目需要具有一定的技术成熟度,所以平台在石墨烯粉体制备成石墨烯导电剂或石墨烯电极材料完成实验室制备技术时开始介入,帮助其完成石墨烯电池组成材料的中试。申报团队完成石墨烯电池雏形——"石墨烯软包电池"制备后进入平台。出于性能不稳定、批量生产条件未达标、应用环境未融入等原因还无法作为实际产品应用于下游市场,需要在平台中试以完善这些性能。石墨烯电池依旧是努力的方向,通过中试后,石墨烯导电剂或电极材料成为可以应用于下游市场的产品,平台推动其进入下游电池制备企业,有时部分企业也会直接联系平台寻求部分产品试用,如果对效果满意,则会根据自身电池配方体系进行导电剂或电池材料的定制化制备,进而进入下游应用。石墨烯软包电池成为可以应用于下游市场的产品——石墨烯电池,可以作为完整的零部件用于终端产品中,但是出于自身关系网的限制,项目组需要借助平台寻找下游生产手机或者汽车等使用石墨烯电池的产品企业,以其大批量生产销售带动石墨烯电池作为零部件的量产。截至调研时,平台在"石墨烯软包电池"→"石墨烯电池"→"终端产品(手机、汽车等)应用"转化过程中皆有介入,在"石墨烯粉体"→"石墨烯导电剂或石墨烯电极材料"后期开始介入,即完成实验室制备,并为其与下游石墨烯电池制备厂商建立联系开发"石墨烯电池"提供平台,促进石墨烯电池的形成。

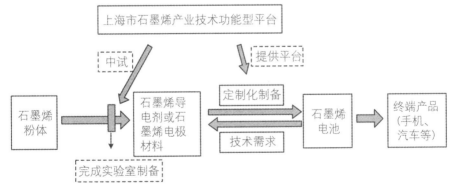

图 5.4　上海市石墨烯产业技术功能型平台介入下石墨烯电池的技术转化流程

(2) 平台的介入有利于技术应用阶段与市场化阶段同步创新模式的形成

技术转化过程可以分成四个阶段,与国内石墨烯创新进程中的三个阶段出于一些细节以及划分标准的不同虽然可能无法完全对应,但是具有较大程度的重合,将依据前人相关文献对创新进程三个阶段的分析与技术转化阶段进行对接。Gardner 等(2010)认为知识形成于理想化和实验室规模的环境中,当其可应用于具体问题的解决时成为技术,所以从"知识"到"技术"强调应用性质的添加,而不再是科学认知(Martínez-Román,Romero,2017)。同时 Gardner 等(2010)也认为应用过程包括"知识的挑选""知识转换和重新构建成可以被技术专家使用的内容"等,而被技术专家使用的内容便是技术,因此,技术应用过程形成于知识之后,从"知识"到"技术"的过程与技术应用过程重合度较高。而被赋予了"应用价值"的知识为"概念",相当于知识更接近技术,"概念"→"技术"的转化过程包含在"知识"→"技术"的过程中,也属于技术应用过程。

关于市场化阶段,有的学者以产品出现为其分界点,Tijssen(2004)曾指出将研究结果转化成可市场化交易的产品/服务/工艺为市场化过程,而 Kollmer 和 Dowling(2004)则认为其出现在产品诞生之后,为商业化的组成部分,其后还包括销售产品以及探索产品销售形式。而有的学者则以行为来判断是否处在市场化阶段,例如 Perkmann 等(2013)认为市场化阶段是学术发明获得财政奖励的过程,Kalantaridis(2017)认为申请专利、授权以及创办企业的过程为市场化过程。上述列举的说法强调市场化过程形成可以进入市场流通的商品,并且未来具有批量流通的潜力,而在有的学者眼中市场化是赋予商业价值的阶段,这也与技术应用阶段添加应用价值形成区别。

Colm 等认为下游应用方的需求为生产方成果带来了市场信息,也为其添加了商业价值,而这个过程是在市场化阶段中被赋予的。Phaal 等(2011)定义"技术—应用阶段"是将商业价值通过金钱表现的过程,所以商业价值究竟在何种阶段被赋予目前仍无定论。以该平台为例。Lichtenthaler(2016)认为一个机构吸收外部知识时需要从技术和市场方面分别考虑,因此,技术价值和商业价值成为衡量知识价值的表征。申请方将尚未商业化的"技术"带入平台,这种"技术"源于知识,因此,技术价值和商业价值成为平台产业技术委员会遴选时注重的标准。为了符合标准的双重性,将 30 多位平台产业技术委员会的专家(截至 2018 年 10 月调研时数据)分成四类:

① 来自高校或科研院所的技术类专家,负责把握技术价值尤其在应用上的价值以及潜在的技术问题。任何技术委员会遴选成员时必须要求对象具有技术能力,能够选择合适技术用以吸收和应用至制备中(Odagiri,2003)。② 来自企业的工程师专家,评估技术商业化的可能性。③ 来自金融资金领域的投资类专家,评估技术的商业价值以及量级和投资风险,即转变成商品的合理性(Ahn et al.,2010)。④ 环保专家,把关产品的环境污染问题。技术委员会吸收不同领域专家,使他们处于同一个组织中,大大提高了不同领域之间合作的效率,例如企业在遴选时解决了所需技术问题(Hong,Su,2013)。

"技术价值"和"商业价值"的比重在平台中进行技术转化时发生了变化,这也是平台发挥的作用。平台参与"技术"→"产品"流程,在项目遴选时提供潜在技术问题上的建议,以供项目组技术改进,后期也会根据需求派驻平台人员或者外界专家技术协助,以稳定原有的技术价值。同时进入平台后原本的实验室成果需要中试放大,一些技术可能需依据应用环境的不同进一步调整,让原有的技术价值中的应用价值放大。值得注意的是,上述这些过程不涉及关键技术的重组,因为进入平台之前已成熟,平台只是实现中试工艺的稳定并固化协助边缘技术的改进,部分项目组选择独立解决,平台并没有放大原有的技术核心价值,只是添加了应用价值。刚进入平台的技术由于距离商业化较远,"商业价值"较低,通过平台转化后,尤其在"技术"→"产品"后期、"产品"→"下游终端产品应用"阶段,引进了用户需求和交换流通等市场信息,使产品契合下游用户的需要,并且可以进入市场自由流通。生产方产品进入实际意义的量产,因而在此过程中添加并突显了成果的商业价值,但仍然不触及关键技术,所以应用价值并无明显变化,而商业价值可能已超越技术价值的地位成为主要卖点。由于产品也需具备商业价值,这也是与实验室成果的主要区别,因此"技术"→"产品"→"下游终端产品应用"皆对商业价值带来影响。

技术转化过程中"技术"→"产品"过程是一个应用价值和商业价值不断添加的过程,包含了技术应用阶段与商业化阶段,而"产品"→"下游终端产品应用"更多体现的是商业价值的变化,产品的商业价值被下游应用方接受,从而进入到市场交易,并且通过金钱体现其商业价值,这符合 Tijssen(2004)、Kollmer 和 Dowling(2004)、Perkmann 等(2013)对商业化阶段中金钱回报的阐述,而且应用价值的变化并不非常明显,与商业化过程重合度较大。所以上海市石墨烯产业技术功能型平台介入阶段与创新进程中的技术应用和市场化阶段重合度较高,如果介入的是技术应用阶段,为申请方引进应用方的需求,开启市场化阶段,促进同步创新在二者之间开展。同时,平台为生产方寻找更多的应用方,一方面可以使更多的市场化阶段提前开展,促使其与技术应用阶段成规模地进入同步创新模式,另一方面可以防止二者之间由于寻找合作而耽误时间,进而增加时间差,不利于同步创新模式的持续。

5.3.7.2 案例二:石墨烯产业研发型生产企业

2018 年 6—7 月,研究组调研了一家石墨烯中小企业,该企业是国内较早在石墨烯某具体领域中实现产业化的企业之一。案例企业主要从事石墨烯及其应用产品的制备,属于石墨烯生产企业,位于产品应用产业链的中上游。同时,案例企业拥有自己的研发团队,除了石墨等原材料需要供应商提供外,石墨烯及其应用产品皆由企业内部研发和制备,属于研发型中小企业。案例企业由某家规模较大的企业联合其他股东投资建立,具有一定数量的固定合作用户,但是面对不断拓展的业务市场以及石墨烯潜在的成长空间,也需要借助其他平台拓展自己的关系网,尤其在新型技术或产品推出之时。在前面列举的促进和维护同步创新模式的代表性政策工具中,案例企业选择展销会为平台、为自己寻找客户群,并且在研究组调研时已通过平台寻找到合作用户,合作的产品也即将推向量产。案例二以该生产方企业为视角,分析展销会等大型交流平台如何使其与用户企业建立联系并促进不同创新阶段进入同步创新模式。截至调研时,案例企业已形成较为成熟的几项产品领域,其中一项为"石墨烯与其他材料复合柔性透明导电膜",并在国内同行企业中取得了一定的领先地位,而该产品的部分用户企业来自案例企业所参加的展销会,所以案例研究选择此产品领域作为分析的窗口。

"石墨烯柔性透明导电膜"主要用于触摸屏中,而当前触摸屏的主要材料为ITO(氧化铟锡)。铟作为ITO的原材料,是一种稀土元素,但是其地壳丰度低并且具有与铅相当的毒性,因而市场价格变动较大,同时ITO在变形和弯折时易断裂(李运清,史浩飞,2017),这促使人们开始寻找其替代品。碳纳米管、银纳米线、石墨烯都是较为理想的替代材料,尤其是石墨烯柔性导电膜,先前学者研究表明石墨烯材料的光学透过率高达97.7%(Nair et al.,2008),理论载流子迁移率为2×10^5 cm^2/(V·s)(Morozov et al.,2008),同时机械强度和柔性构成可弯曲折叠的条件(李运清,史浩飞,2017),具有可成为导电膜的优异潜质。ITO由于溅射工艺的限制,无法制备大尺寸薄膜,石墨烯柔性导电膜的制作工艺可突破尺寸规模的限制,弥补大尺寸产品无触摸屏的市场空白。在ID TechEx的预测中,到2026年ITO替代品所占据的触摸屏市场份额将由2018年的1%左右增加到14%左右,而ITO在相同时间段只增加6%左右(李运清,史浩飞,2017)。案例企业看中了石墨烯柔性导电膜在触摸屏领域的未来前景,并与其他潜力材料相结合,取几者之所长,弥补各自短板,自主研发和制备"石墨烯与其他材料复合柔性透明导电膜"。案例企业生产的石墨烯柔性透明导电膜由石墨烯柔性透明导电膜和其他导电材料复合而成,因此,实现所需材料的单独制备是石墨烯与其他材料复合柔性透明导电膜形成的基础。

石墨烯柔性透明导电膜由石墨烯粉体制备而成,作为研发型企业,从石墨烯粉体至石墨烯柔性透明导电膜以及其他材料的制备由公司独立完成(图5.5)。石墨烯柔性透明导电膜的下游应用产品或终端产品主要为显示屏或具有显示屏的产品,例如电视、平板电脑、手机等,较之ITO的优势之一是可应用于大尺寸显示屏,大型触摸屏(TP)成为其主要应用领域之一。不同产品对于导电膜的尺寸规格要求不同,同时还需与底板、散热孔等其他零部件相契合才能形成触摸屏,而这些底板、散热孔等也是用户企业生产或采购的,所以导电膜需参照用户企业的要求才可最后定型和供应。如果导电膜已制造成型再引入用户,一旦不能满足用户需求,不仅需回炉重做造成资源浪费,同时也耽误了一定时间,潜在客户可能已与其他生产方企业签订协议,造成客户资源的流失。因此,企业认为需在产品制备完成前联系客户。案例企业相关负责人在访谈时表示,由于企业出于用户利益考虑,合作时产品已具有较高的成熟度,在形成石墨烯与其他材料复合柔性透明导电膜样品,或者完成实验室制备并开始进入中试线后报名进入展销会,而这个样品成为寻找用户的资本。如果以百分比来衡量的话,企业在石墨烯与其他材料复合柔性透明导电膜距离量产约30%时参加展销会(图5.5);如果以时间来衡量的话,企业在产品量产前1~2年时参加展销会。

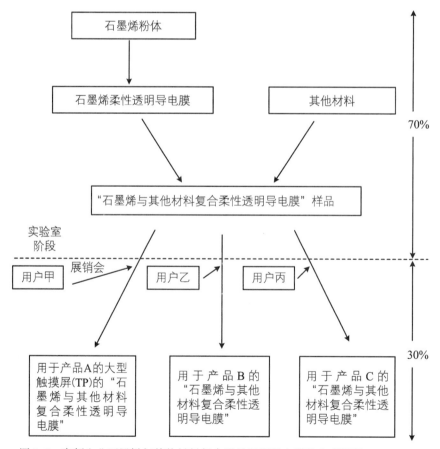

图5.5 案例企业石墨烯与其他材料复合柔性透明导电膜的生产流程

案例企业每年会参加多个展销会，其中有一个为触摸屏或显示行业的专项展销会，也是企业针对"石墨烯柔性透明导电膜"产品参加的展销会。该展销会由某展览公司主办，由30家行业协会、产业联盟支持和主管。近年来该展销会有近千家品牌参展，云集了触摸屏和显示产业全产业链机构，为上下游机构近距离接触提供平台。具有参展意愿的企业可在展销会开幕前约六个月甚至更早的时间通过展销会官网预约申请展位。展览期间，除了常规的宣传手段外，展销会为企业制作微信版的"微传单"，打造全方位"E渠道"推广，同时还举办多场研讨会，邀请知名媒体专访等为参展商带来更多市场曝光的机会，为其寻找更多潜在用户。案例企业不仅现场展示"石墨烯与其他材料复合柔性透明导电膜"样品，还将其应用至下游产品中并展示其应用产品的样品，供参观者和用户体验。展销会与上海市石墨烯产业技术功能型平台不同，对参展企业参展产品的成熟度没有要求，不同参展企业尤其是生产方企业所携带的产品成熟度各不相同，所以用户企业与这些企业建立合作完全出于双方自愿。

与应用方企业形成合作后，二者进入合作开发产品阶段。这个阶段可以分成两个时期，前期主要为用户企业对生产方企业所提供的产品"样品"的检验阶段，后期则是检验通过后案例企业根据下游客户提供的意见对产品进行加工，制备成更趋向于市场化的应用产品的阶段。严格意义上来说，前期主要是用户企业为后期开展正式合作前的准备阶段，因为展销会未对生产方企业产品进行评估和鉴定，也未对其产品成熟度提出要求，所以应用方需要自行对生产方产品质量、应用前景进行鉴定和评估。在检验过程中，应用方既可以评估生产方提供的产品与公司应用产品以及需搭配的其他零部件之间的契合度，也可以发现产品应用过程中所存在的潜在问题。因为生产方产品在未与应用方企业合作前进行的检测主要是在实验室环境中完成的，并未进入真正的或者是用户所需的应用环境，而在不同环境下产品暴露出的问题不同，所以当产品转移至新的应用环境中可能会产生生产方未能预见的问题。同时生产方企业所提供的产品未完全制备完成，故而在技术成熟性上还有待提升，不能完全排除在检验过程中产生新问题的可能性。

但是这类问题可能不涉及核心技术，如若涉及则可能会危及生产方企业与用户企业之间的合作。

展销会只为生产方企业与用户企业的认识提供平台，后期不参与也不介入生产方企业与用户企业之间的合作，更不在双方合作期间为其提供所需的服务和资源，所以与上海市石墨烯产业技术功能型平台中上下游机构合作不同，通过展销会建立合作的双方需自行承担后期正式合作时产生的成本，也没有第三方平台为其合作成功与否进行担保。因此，应用方在检验生产方产品和评估其后期所需跟进的成本投入时更为谨慎。用户企业完成和通过前期检验后，将与案例企业正式签订合作条款，同时也将检验中所反馈的问题和用户具体需求提供给案例企业，案例企业将据此对产品进行后续改进。每改进完一轮或一个阶段后，案例企业将新成果送于用户企业检验，再根据新的反馈进行下一轮改进。在产品正式量产前，像这样的送检改进需重复多轮直至用户满意。在此期间，用户企业有时也会派遣企业专家进驻案例企业，或者要求案例企业派代表前往用户企业安排后续生产，形成二者共同开发产品的局面。截至调研时案例企业生产的石墨烯与其他材料复合柔性透明导电膜主要用于大型触摸屏（TP）应用等领域方向，这些方向也是基于当前合作用户形成的分类。

案例企业相关负责人在访谈时表示，当用户企业介入时便代表该产品市场化阶段的开启。前面提及用户需求伴有市场信息，当产品制作不再仅以技术信息为基础时，市场信息的融入尤其是具体用户市场信息的融入，是产品进入市场流通前的铺垫；同时已与用户签订合作协议，代表产品已经寻至买家，进而开启了市场化阶段。此时案例企业所反馈的意见，既可以指导其继续完成产品生产的后续工作，也可以为未制作成型的基础产品后期改进提供启发，为未来打开更多的市场销路做准备，而这恰恰也是 Salerno 等（2015）强调的"发展"过程。所以在与用户企业合作期间，案例企业既向用户扩散和销售产品，也可以对已形成的基础产品进行后期改进，形成了"发展"与"扩散/市场/销售"同步开展的局面（图 5.6），这与 Salerno 等（2015）归纳的"开展平行活动的创新进程"相同。同时案例企业在进入展销会之前,未接触其他用户,也未进入市场销售,所以处于科学研究阶段结束、市场化阶段未开启的技术应用阶段,而在展销会后与用户企业合作时开启了市场化阶段,而此时技术应用阶段由于涉及基础产品的后续改造并未结束,故而形成了技术应用与市场化阶段同步发展的局面。案例企业在案例产业中通过展销会形成的同步创新模式发生阶段也较为偏后,但是参与展销会的企业众多,所以不能排除部分企业在技术或产品尚未成熟之时,例如科学研究阶段进入展销会,案例企业相关负责人在访谈时证实了这种现象也在其他企业中存在,所以展销会平台中促成的同步创新模式所处阶段因企业不同而不同。

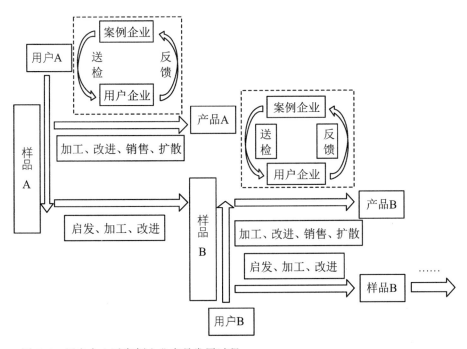

图 5.6　用户介入后案例企业产品发展过程

也有的学者认为生产方与应用方之间的合作可称为纵向融合(vertical integration)。纵向融合指位于产业链不同位置的创新主体在某项创新中进行合作(Lahiri,Narayanan,2013),与具有平行活动的创新过程之间相互影响。具有平行活动的创新过程为纵向融合提供了平台,可使生产方和用户共同参与产品开发;而纵向融合促使了具有平行活动创新模式的形成,而在此案例中展销会为纵向融合提供了平台。除此之外,纵向融合还利于创新扩散(Filippini,Vergari,2017)。当产业链上游或中游生产方创新成果寻找到下游买家后,可能会引发潜在买家的关注,具有下一步扩散的潜力。技术或产品扩散得越广泛,潜在买家就越多,利于卖家打开更多销路和选择最合适自己的买家。常用的通过纵向融合扩大创新扩散的做法是上游企业或研发机构将专利授权于下游企业进行生产,但是案例企业在展销会平台的作用下,以基础产品替代专利,以共同开发替代授权。截至调研时案例企业的纵向融合主要还是与下游客户之间的合作,未来不排除通过展销会或其他平台以下游客户的身份与上游企业或科研机构之间形成合作。

5.4 公共创新工具对同步创新模式的影响

5.4.1 重视构建需求面和环境面政策工具

根据前面对供应面、环境面和需求面政策工具的定义,下面对促进和维护国内石墨烯产业同步创新模式的代表性政策工具进行分类(表 5.14),发现属于需求面的政策工具最多,这与政策工具希望促进不同阶段处于同步创新模式故而推动产业链上下游机构合作、为生产方机构引进更多应用方需求相关。需求面着墨于应用市场,既需要降低市场的不确定性,也需开拓市场范围,本书中共涉及 4 项政策工具、479 项政策,其中"示范应用、博览会等大型交流平台"虽然在苏竣(2014)[88-92] 设立的需求面政策工具具体形式中无相对应项,但是主要为引进用户需求扩展、促进技术产品输出而设置,为扩展应用市场而努力,所以符合需求面政策工具对用户需求和应用市场的重视(Edquist,Zabala-Iturriagagoitia,2012)。

表5.14 促进和维护国内石墨烯产业同步创新模式各类政策工具的统计分析

供应面政策工具		环境面政策工具		需求面政策工具	
具体表现	政策数量(个)	具体表现	政策数量(个)	具体表现	政策数量(个)
科技基础设施建设:创新中心	204	目标规划	425	示范应用	210
				创新中心	204
公共服务:同步开展支撑型和服务型产业生产内容	170	法规管制:产业政策	31	博览会等大型交流平台	32
教育培训:技术双向扩散("引进来")	56	金融政策:以首批次保险应用为代表的专项补贴资金	96	海外机构管理:技术双向扩散("走出去")	33

环境面政策工具涉及的政策数量最多。除了以首批次应用保险为主的专项资金补贴属于金融支持,环境面政策工具中的目标规划和法规管制在促进同步创新模式中也有所体现,也是促进和维护同步创新模式政策工具所存在的形式。目标规划指科技发展宏观战略、科技发展规划等;法规管制指政府设定的企业制度、产业政策、行业标准、环境及健康标准等措施(苏竣,2014)[88-92]。这些政策工具多在规划和石墨烯专项产业政策中体现,故而将提及或涉及促进同步创新模式的发展专项规划、工作计划列入环境面政策工具的"目标规划",将统计时间范围中体现和维护同步创新模式的石墨烯产业专项政策列入"法规管制",环境面政策工具共涉及552项政策。Cohen和Amorós(2014)将"规章制度"和"系统政策"列入需求面政策工具中,并且将需求面政策工具使用时间与产品生命周期相对应,认为规章制度应在产品成熟期时推行。Cohen和Amorós将规章制度定义为政府在市场

表现不佳或导致公民负面的外部性时使用的一种工具，Rothwell认为规章制度是剩余的财富，因为其推行也会为创新带来潜在的障碍（Liu et al.，2011），所以不应在技术发展初期和增长期推行。这与国内情况不太相符，也反映出中国公共管理行为中更为重视政策的作用（Abernathy，Utterback，1978）。

供应面政策工具从技术输入出发，共涉及430项促进和维护同步创新模式的政策。作为供应面政策工具具体形式之一的公共服务是为保障科技活动顺利进行而提供的相应配套设施服务，包括专业咨询服务（苏竣，2014）[88-92]，故而将同步开展支撑型和服务型产业生产内容方面的政策列入该类。部分政策工具无法完全归属该类，体现出多种层面的特征。例如，技术双向扩散，"引进来"为寻求更多优异技术资源的输入，与供应面政策工具的"教育培训"中国际人才交流渠道接近，而"走出去"则是扩大成熟的技术资源输出，为寻求更多地域范围内的市场，尤其是33项政策中的"鼓励科研机构或企业在海外设立分机构或分公司"，属于需求面政策工具的"海外机构管理"，因而参照苏竣（2014）[88-92]对供应面和需求面政策工具的定义和罗列的具体形式可分属于两类。这可能也与本书对部分政策工具的选择标准较为宽泛有关，如果将"引进来"和"走出去"分开论述可能不存在这方面问题。但是该解释不适用于以技术转化或孵化平台为代表的创新中心具有两类层面政策工具的特征，因为创新中心的成立既寻求解决石墨烯技术不成熟方面的问题，也为上游机构寻找技术输出和应用市场，机构的服务定位决定了属于供应面和需求面两类政策工具。

国内石墨烯产业在促进和维护同步创新模式上的需求面和环境面政策工具数量表现符合苏竣（2014）[8-12]提出的应强化需求面和环境面科技政策的想法，认为技术创新是一个以应用和产业化为最终目标的过程，同时也是一个在创新系统中各主体交互学习的过程，因而市场需求和各类环境对于技术创新具有重要作用。

上述分析间接反映出政府对于当前如何促进和维护国内石墨烯产业同步创新模式的三点评估：第一，重视从扩大市场需求和改善科技发展环境的角度促进和维护同步创新模式。第二,石墨烯科学研究在当前语境中的发展接近饱和,在未来一段时间内发展空间有限,无须较多供应面政策工具的投入。第三,石墨烯科学技术的发展程度在当前语境下不是构成石墨烯产业同步创新模式发展的主要障碍,所以国家在促进和维护同步创新模式相关政策工具的制定上,并不偏重提升科技能力为主导的供应面政策工具。

本书设想这是否是政府在科学研究等问题上放权至学会、产业联盟、科学研究机构等非政府公共组织和管理体系的表现。例如石墨烯领域中的石墨烯产业技术创新战略联盟,由高校、科研院所、企业和政府共同组建的技术创新合作组织,已承接部分原属于政府的管理工作,如负责国内石墨烯技术标准制定、地方石墨烯专项政策的制定等。因此,有关科学研究发展问题适合由其所属机构决定。

5.4.2　缩短生产方和应用方进入市场时间差

在列举代表性的公共政策工具中,除了前两种为创新进程的同步创新提供服务支撑和路径参考,未涉及帮助生产方引入应用方,后四种皆有涉及,主要为了缩短两者进入市场的时间差。前沿领域的不成熟性使应用方对于市场抱有怀疑态度,而在同步创新模式的语境下,创新的整体速度被加快,也加速了由不成熟性引发问题的暴露,同时也缩短了不成熟性的检验时间,进而加剧了这些问题的严重程度,进一步削弱了应用方进入市场的意愿甚至导致它们退出市场。石墨烯作为基础材料或零部件应用于下游产品前需要调试,应用方依据其性能和参数调试其他零部件与之相契合,这也增加了用户的成本投入,而如今技术或产品更迭的速度逐渐加快,快速的技术更新致使下游用户技术调试的频次逐渐增加,这对下游应用企业成本控制提出挑战,致使部分企业放弃盲目顺从潮流而推迟采用新技术或产品。综合考虑上述因素,应用方存在推迟进入前沿领域市场的理由,但是生产方为了维持竞争力,快速吸收创新并以最新成果抢占市场先机,不期望等待生产方态度的自我转变,而是希望以自己的成果征服应用方,所以生产方与应用方进入市场存在时间差。同步创新模式对于时间的要求较高,需要后兴起阶段的开展时间提前,与前兴起阶段形成一段时间的重合,但是如果两个阶段开始的时间差较大,无法在一段时间内同时高速增长,同步创新模式便不复存在。应用方的进入对于技术应用和市场化阶段具有重要作用,尤其是市场化阶段,应用方是否进入关系创新后期进程能否开启,进而对于市场化阶段与其他阶段的同步发展具有影响。

为了让应用方较早进入市场,列举的后四种促进和维护创新模式的公共政策工具皆致力于为生产方引进应用方。需求面政策工具的代表示范应用工作、创新中心等技术转化或孵化平台、博览会等大型交流平台的制定目标和工作范围皆包含为生产方提供寻找应用方的平台,并且在前两项政策工具中,以政府为参与主体的公共管理主体亲自出面为生产方寻找应用方,在双方合作期间给予优惠的政策和多方位的保障,使得双方的风险降到最低。作为环境面政策工具的代表,首批次应用保险机制,虽然未明确将为生产方寻找应用方作为目标,但是仍然为参与石墨烯产品应用的用户承担了一定的风险,也是变相鼓励应用方进入市场。为生产方寻找应用方,或者鼓励应用方进入市场,代表公共管理主体希望通过自己的介入尽量打消应用方进入市场前的疑虑,进而缩短其与生产方进入市场的时间差。不同创新阶段所依赖的主体(生产方或应用方)同时参与,可影响开启时间,同时也可以形成各阶段之间的互动,促使其进入同步创新模式。

5.4.3 延长生产方和应用方在市场中存在时间

生产方和应用方进入市场后,在市场中存在时间长短影响同步创新模式持续时间。同步创新模式持续时间越长,其节约的创新时间便越长,越大程度上提升创新速度,有利于前沿领域成果抢占市场先机。关于企业退出市场的原因,根据对文献研究的总结,归结为两点:第一,主导设计的形成。

Abernathy 和 Utterback(1978)认为主导设计是一个促进产品目录中主导性形态建设的结构,一旦其形成,会导致不符合的企业大量退出市场。但是 Abernathy 和 Utterback 所强调的主导设计一般倾向于在技术发展成熟期形成(Narayanan,Chen,2012)。Landini 和 Malerba(2017)认为行业标准是主导设计的代表,石墨烯领域的国际首条标准诞生于 2017 年 10 月,国内首条标准于 2019 年 11 月正式实施,当前石墨烯产业创新发展还处于前沿领域,未进入成熟期形成主导设计,行业标准尚未形成,因此,主导设计不构成企业退出市场的原因。第二,产业发展处于成熟期或瓶颈期。G-K 模式中指出当产品生命周期进入第四周期,即衰退期时,退出市场企业数量多于进入市场企业数量,则在市场中企业总数出现下降(Gort,Klepper,1982)。Schmoch(2007)的双巅峰模式强调,当技术进入瓶颈期或成熟期时,市场中的企业数量将会大量下降。当前石墨烯技术和产业发展未进入成熟期,但是并不排除其进入瓶颈期的可能,或者说较难准确预测其未来进入瓶颈期的时间。

瓶颈期可能导致企业退出市场,而企业退出市场也会造成发展进入瓶颈期。所以为防止过早地进入瓶颈期或者企业过早地退出市场,对同步创新模式持续时间形成影响,各级政府出台多项规划和石墨烯产业专项政策,为进入市场的企业提供良好的发展环境。环境面政策工具中的代表新材料首批次应用保险中为应用方分担因客观因素造成的损失、需求面政策工具示范应用工作和创新中心等技术转化或孵化平台为合作双方提供公益性的服务和保障,这些政策工具通过提供保障来防止双方尤其是应用方过早退出市场。应用方相比生产方,退出市场的可能性更高,退出市场的时间更靠前,因为双方在产品交易过程中所承担的风险并不相等。伴随着交易完成生产方所承担的大部分风险消失,但是这可能是应用方风险的开始。无论是客观还是主观原因,若生产方提供的技术或产品有问题,一旦被采用,应用方不仅需要承担购买的损失,如果并不是终端产品生产方,还需承担因上游生产方技术问题造成自身产品无法应用至下游市场的风险。终端产品生产方数量较少,较多应用方并不处于产业链最终端,因此,应用方承担的风险高于生产方。当这类问题积压较多时,应用方可能会先于生产方退出市场。应用方退出市场的数量过多,则会影响生产方的销路,长此以往,会造成生产方迫于成本压力退出市场,所以稳住生产方的前提便是稳住应用方,而稳住应用方的前提便是降低其在交易过程中所承担的风险。由于石墨烯技术的不成熟性,应用方所需承担客观因素造成的损失的可能性较高,同时生产方主观因素造成的损失更不可被原谅,所以新材料首批次应用保险只承担客观因素造成的损失。

需求面政策从提高用户需求和扩大成果输出出发,其主要受益者还是生产方,而环境面政策虽无直接受益者,但是主要目的为优化创新环境,无论是生产方还是应用方皆会受益。相比需求面政策,环境面政策并未明显偏向生产方,其中新材料首批次应用保险措施更多保护的是应用方的利益。因此,为延长生产方和应用方在市场中的时间,需求面和环境面政策需要各自发挥其重要作用。

5.5 用户参与创新对同步创新模式的影响

5.5.1 用户参与创新模式的构建

寻找应用方,也是为生产方寻找技术扩散的对象,属于解决技术扩散范围内的问题,只是与前面提到的国家支持技术"引进来"和"走出去"与"自主创新"相结合的双向同步发展相比,后者主要是解决技术扩散的路径。在寻找技术扩散的对象过程中,除了前两项为同步创新模式提供服务支撑和寻求技术扩散路径的措施外,其余四项措施尤其是示范应用工作、应用保险或补贴以及创新中心或技术转化平台,对于生产方的技术或产品具有一定的成熟度要求，即需要生产方创新具有一定的成熟度后再引进应用方。

示范应用工作中以"石墨烯及其改性材料在工业产品首批次示范应用工作"为代表，要求依据技术成熟度和市场前景遴选推广应用的产品领域以及牵头机构，并且在《关于推进石墨烯及其改性材料在工业产品首批次示范应用的通知》（工原函〔2016〕461号）中提到"携手开发生产达到相应技术指标的示范应用产品"，其具体指标列在《2016年工业强基工程示范应用重点方向》中，其中列出三项石墨烯产品，并且对每项产品的技术指标进行详细规定，例如石墨烯防腐涂料要求"锌粉含量$\leqslant 40\%$，耐盐雾性$\geqslant 2000$ h，附着力$\geqslant 6$ MPa"。可以看出示范应用工作对于生产方的技术或产品具有详细要求。

应用保险或补贴中以"新材料首批次示范应用保险"为代表，对生产方成熟度要求也较高。要求资助对象生产或使用的产品必须属于工业和信息化部颁布的《重点新材料首批次应用示范指导目录》中的品种，2017年版中石墨烯领域只有五个具体应用产品入选。《关于推进石墨烯及其改性材料在工业产品首批次示范应用的通知》中规定了申请方新材料首批次保费补贴资金有关材料要求，包括代表机构所拥有的核心技术、已成熟的"产品专利、专利授权书或其他关于知识产权的承诺"、产品已接近成熟并具有市场化条件的"省级以上产品质量管理部门认可机构、中国新材料测试评价联盟检测机构成员或用户企业认可的产品检测报告"、代表产品即将或已经进入市场化阶段的"首批次新材料生产单位和用户单位所签订的正规合同"。当首批次新材料保险机制介入时，生产方的技术或产品须已被应用方使用，代表生产方创新即将或已进入市场化阶段。

前面提及多数创新中心等技术转化或孵化平台专注于4~6级成熟度，上海市石墨烯产业技术功能型平台作为其中的代表需要生产方已完成实验室制备，并具有中试基础，这也对生产者创新有要求。以石墨烯应用博览会为代表的大型交流平台，为了吸引更多的参展商参展，对参展商无论是生产方还是应用方的要求都较为宽松，没有特定的技术或产品成熟度要求，相较于前三者对生产者创新成熟度要求较低。

这些平台在生产者创新具有一定的成熟度时引进应用方,接近于"用户参与创新"的概念。Hippel(1975)提出以用户为中心的创新范式,进而衍生成用户创新。用户创新主要指用户出于自身使用需求但当前产品无法满足其需求因而发起的创新,这打破了生产者是创新唯一发起者的观念(Kim,2015)。吴贵生和谢铧(1996)从两个方面归纳了用户创新的定义:一方面是用户对其所使用的产品、工艺的创新,包括为自己的使用目的而提出的新设想和实施首创的设备、工具、材料等;另一方面是对制造商提供的产品或工艺的改进。其中一方面强调用户提出新设想和首创,表明用户是新的创新发起者,形成了较多学者讨论的用户发起创新(user-initiated innovation)(Svensson,Hartmann,2018),例如 Hyysalo 和 Usenyuk(2015)、Hippel(1975)、Kim(2015)。而另一方面强调用户对已有产品或技术进行改进,并未强调"新",用户在已有创新上不是发起者而是参与者。因此,这个定义可以分成两个用户创新模式:用户发起创新和用户参与创新(user-involved innovation)。石墨烯产业创新中促进和维护同步创新模式的公共管理行动,创新的发起者主要还是生产者,当其具有一定成熟度时政府通过这些措施开始引入用户参与,进而形成了用户参与创新模式。用户的参与也开启了与之密切相关的创新阶段,例如前面提及的技术应用或市场化,如果在生产者主导的创新阶段未完成时引入用户参与,同时其创新阶段与用户携带而来的创新阶段不同,便为同步创新模式的开启创造了条件,而用户参与创新时生产者创新处于何种阶段,决定其可能与用户创新开启的不同阶段同步开展。

用户参与时的生产者创新阶段由政府主导下的不同措施或行动对于生产者创新程度的要求决定,这也预示着同步创新可能处于的创新阶段。政府通过制定各项措施或开展各项行动促进和维护同步创新,其中大部分对于生产者创新的成熟度的要求与进入创新的技术应用阶段较为接近,甚至是技术应用阶段的后期。例如《关于推进石墨烯及其改性材料在工业产品首批次示范应用的通知》(工原函〔2016〕461号)所要求的技术指标,石墨烯防腐涂料的"耐盐雾性≥2000 h,附着力≥6 Mpa"要求,需要在应用环境中实现,说明技术或产品至少已进入技术应用,而新材料首批次应用保险中需要生产方技术或产品进入应用方应用,说明其可能已进入技术应用或市场化阶段。以上海市石墨烯产业技术功能型平台为代表的技术转化或孵化平台,前面已分析在创新进入技术应用或市场化阶段左右时介入,而中国国际石墨烯材料应用博览会等对于生产者创新要求较为自由,所以综合四者可见,对于生产者创新进入技术应用阶段要求的重合度较高,因而在技术应用阶段引入用户创新的可能性较高。如果应用方参与开启了市场化阶段,那么这种政府主导的措施和行为有利于并且倾向于国内石墨烯产业创新技术应用与市场化阶段进入同步创新。

但是不能完全排除政府对科学研究与技术应用阶段进入同步创新的影响,例如中国国际石墨烯材料应用博览会对参展方的要求较低,而且参展方包括一些高校或科研机构,在科学研究阶段未完成时进入博览会寻求技术应用合作方的合作,进而也会对科学研究与技术应用阶段进入同步创新模式形成影响,但是其存在的可能性低于技术应用与市场化阶段的同步创新。这主要因为石墨烯在技术和市场方面具有不成熟性,政府为主导的行为措施为生产方和应用方的合作提供了较多服务保障和风险分担,因而需要对双方进行考量,生产者创新程度越高,政府所需承担的风险成本就越低(表5.15)。当前尚未出现明显证据证明这些行动措施可以使科学研究、技术应用和市场化阶段同步开展,但是工业和信息化部办公厅《关于印发2016年工业强基工程示范应用重点方向的通知》(工信厅规函〔2016〕445号)等政策中对"建立研发、生产、销售共同体"的强调,意味着未来三个阶段同步创新存在可能性,可能是未来政府支持石墨烯产业化建设的方向之一。

表 5.15 促进和维护国内石墨烯产业创新同步创新模式的代表性政策工具比较

代表性行动措施	主办机构	成立时间	保障性	生产者创新成熟度	介入时生产者创新可能进入的创新阶段
石墨烯及其改性材料在工业产品首批次示范应用工作	工业和信息化部	2016年8月	高	高	技术应用阶段
《关于开展重点新材料首批次应用保险补偿机制试点工作的通知》	工业和信息化部，财政部，中国银行保险监督管理委员会	2017年8月	高	高	技术应用阶段 市场化阶段
上海市石墨烯产业技术功能型平台	上海市政府，上海市宝山区政府	2015年12月	高	高	技术应用阶段 市场化阶段
中国国际石墨烯材料应用博览会	举办地市政府，中国石墨烯产业技术创新战略联盟	2014年9月	低	低	所有阶段

5.5.2 用户参与创新促进同步创新模式形成

政府对同步创新模式的提倡通过一定的行动措施来维护，主要通过政策来展现。政策在不同学者眼中扮演着不同的角色，政策制定的密集度及其所带来的效应正面与否都是学界争议不断的话题：Landini 和 Malerba（2017）认为发展中国家的政策对于该国进行技术超越具有重要影响，有助于引导创新有序发展;但是 Blind 等(2017)认为在高度不确定的市场环境中规章制度的制定会降低市场效率,因为这会限制未来发展的多种可能性。考虑到政策制定所带来的负面效应,包括英国在内的一些国家短期内不会出台相关政策,或者不会密集地颁布一些政策,但是中国作为后起之秀的国家,一直通过许多政策来推动创新,而且中国的创新政策框架一直发挥效应(Liu et al.,2011),逐渐形成自己的中国模式(Ling,Naughton,2016)。因此,无法忽视政策在中国发展道路中的重要作用,自上而下的履行体制规定了不同领域的发展模式(Liu et al.,2011),政策中对同步创新模式的展现反映出中国政府希望加快石墨烯创新进程,快速抢占全球石墨烯领域的市场地位。

中国模式中政策对于产业领域的发展具有重要作用,国内石墨烯产业创新中同步创新模式的推广以及维护还需要公共管理层面的支持和维护,这些支持和维护通过具体的行动措施体现。以缩短生产方与应用方进入市场时间差,延长二者在市场中的存在时间为出发点的行动措施有利于同步创新模式的开展和持续,但是这些行动措施对于技术应用与市场化阶段处于同步创新模式的影响程度较高,而对于科学研究与其他阶段尤其是形成创新进程三个阶段同步创新模式的影响程度较低,进而成为国内石墨烯创新进程三个阶段未皆处于同步创新模式的部分原因。用户参与创新是当前国内公共管理领域为促使石墨烯领域生产方和应用方形成合作而倾向的运作模式,有利于同步创新模式的形成,因而用户参与创新成为促进同步创新模式形成的管理支撑条件,只是用户参与时生产者创新所处的阶段较大程度决定了同步创新模式所处的创新阶段,列举的行动措施较为倾向于在技术应用阶段引进用户,进而促使技术应用与市场化阶段处于同步创新模式中。用户成为创新的发起者,进而进入市场的时间早于生产方,这对于当前在用户参与模式中为缩短双方进入时间而努力的行动措施来说是一种时间差上的颠覆,也解决了阻碍同步创新模式兴起的主要问题之一。用户可以寻找其他机构根据其需求助力完成科学研究、技术应用等阶段,这与巴斯德象限分类中以具体用户或应用为出发点的科学研究具有相似性。这一设想较为适用于具有以科学为基础和专属供应商产业特征的前沿科技领域产业。用户本质上对于前沿领域较为排斥,因而其发起创新需要更多的管理条件予以支撑。

本章小结

本书根据对所有政策/文件内容的理解判断,对提及或涉及同步创新模式不同方面内容的政策/文件进行数量统计,其中绝大多数内容涉及的专项政策/文件比例超过50%,相关政策/文件占比由于主题和篇幅的限制,所涉及比例均未超过30%(如表5.16所示)。17.25%的相关政策/文件仅提及石墨烯名称,并未过多描述如何发展石墨烯产业。因此,重视需求面和环境面的政策工具对国内石墨烯产业同步创新模式的产生和持续发展具有重要作用。提高用户需求和扩大成果输出的需求面工具以及可改善创新环境的环境面工具,既可以缩短生产方和应用方进入市场的时间,也可以延长二者在市场中存在的时间,成为同步创新模式产生所需的管理支撑条件。倾向于参与创新的政策工具有助于形成同步创新模式,成为同步创新模式产生的另一个管理支撑条件,但是在促进不同创新阶段同时处于同步创新模式中的作用有限,不及用户发起创新的作用。

表5.16 国内石墨烯产业中提及或涉及同步创新模式专项或相关政策/文件比例

提及或涉及同步创新模式的政策/文件内容	涉及的专项政策/文件占比	涉及的相关政策/文件占比	涉及的所有政策/文件占比
不同创新阶段的协同创新	46.88%	9.22%	10.69%
发展不同创新阶段	62.50%	26.64%	27.95%

续表

提及或涉及同步创新模式的政策/文件内容	涉及的专项政策/文件占比	涉及的相关政策/文件占比	涉及的所有政策/文件占比
以下游应用/市场需求为牵引	53.31%	22.73%	23.82%
产业链上下游协同发展	56.25%	18.81%	20.17%
同步开展石墨烯支撑型和服务型产业生产内容	65.63%	18.81%	20.66%
同步发展技术双向扩散	50.00%	9.22%	10.81%
新材料首批次应用保险等石墨烯应用专向补贴或资金	78.13%	9.09%	11.66%
推广石墨烯示范应用工作	81.25%	23.36%	25.52%
成立创新中心等技术转化或孵化平台	65.63%	23.11%	34.79%
举办博览会等大型交流活动	34.38%	2.53%	2.55%

第 6 章
结论与展望

同步创新模式在节约发展时间上具有较大优势,因此,其有利于前沿领域的创新,本书以石墨烯为前沿领域案例,证明国内石墨烯创新进程中存在同步创新模式。以发表论文、申请专利和经营企业数量为象征的科学研究、技术应用和市场化三个阶段在以 G-K 模式的产业周期中不同时间段,两两处于同步高速增长期,具体来说,技术应用阶段在科学研究阶段进入高速增长期后第一年(2010 年)开启高速发展,二者保持同步高速发展约三年(2010—2013 年)。市场化阶段在技术应用阶段开启高速增长期后的第四年、科学研究阶段结束高速增长期后的第二年开启高速发展(2014 年),截至 2017 年 12 月 31 日已与技术应用阶段同步高速发展三年,并在 2018 年一直延续。同步创新模式由于涉及多个阶段同步处于高速发展,因而同步创新模式的产生需要一定的条件,本书从石墨烯产业内部的产业特征、技术制度和产业发展的外部环境即公共管理语境的两个视角分析了其产生原因,同时需要公共管理的维护和促进作用,使其可在产业中成规模以及持续性发展,才能发挥对产业的作用。

同步创新模式相较于讨论较多的线性创新模式是一种不同的创新模式,但是本书认为同步创新模式与线性创新模式的区别在于高速增长期所处的时间。同步创新模式并没有完全否认线性创新模式,而是同样认为产业化阶段的兴起具有时间先后顺序(如图 2.1、图 3.7 所示),或者可以认为,部分产业创新在初期可能依据线性创新模式展开,后期可以选择同步创新模式等在内的其他创新模式。当前的探讨和研究只局限于某个产业的单独框架中,因为 Rothwell(1994)提出的整合模式或 Lancker 等(2016)的组织创新系统皆强调不同产业间的互相影响,石墨烯概念形成或科学研究阶段的兴起无疑受到纳米等其他产业市场化信息的影响。国内石墨烯创新进程中的三个阶段兴起时间依旧按照"科学研究→技术应用→市场化"的顺序展开,并且具有一定的时间差。但是各阶段的发展无须按照线性创新模式所刻画的顺序,后兴起产业化阶段无须等前兴起阶段发展成熟后再开启自身发展,二者可以同步发展,发展成熟则代表这个阶段已经历了发展高峰期,所以在线性模式中高速增长期在不同阶段中是互相错开的,例如前面Martino(2003)对线性创新模式的刻画。但是高速增长期是不同创新阶段产出的集中时期,处于这个时期的不同阶段步入同步创新,相比线性创新模式以及产出较少的各个阶段,其他发展时期可以在缩短时间的情况下依旧保持高产出,时间缩短的情况下产出越多才能体现效率提升得越多,因而不同阶段高速增长期的同时开展将同步创新的优势最大化,也最能体现同步创新模式的意义。因此,本书认为不同阶段高速增长期能否在同一时间段进行是同步创新模式与线性创新模式的最大区别。

6.1 石墨烯语境下形成同步创新模式所需条件

基于同步创新模式产生的内部和外部原因探讨,对所需的技术条件和管理支撑条件形成了简单的论述。以下将详细讨论上述两个条件,同时融合同步创新模式特征所决定的基础条件,总结石墨烯语境下同步创新模式形成的条件。

6.1.1 基础条件

同步创新模式的开展具有一定的条件限制和支撑，本书将其划分为产业内部的技术条件和外部的管理支撑条件，但是抛开这两点来说，同步创新模式的开展还需要一些基础性的要求。

（1）创新进程中多个阶段未发展成熟，未成熟阶段越多进入同步创新模式越能够节约时间。如果其中某一阶段已发展成熟，那么已不具备进入高速增长期的条件，进而无法与其他阶段进入同步创新模式。如果仅有一阶段进入成熟期，其他阶段还存在同步发展的可能，但是缩小了处于同步创新模式的阶段范围，如果仅剩一个阶段或者阶段发展未成熟，线性创新模式较为适用。同步创新模式所涉及的创新阶段越多，节约时间越多，因而发展未成熟的阶段越多，越适合开展同步创新模式，这也是为何 Salerno 等 (2015)学者强调同步创新模式适用于前沿领域，因为前沿领域多个创新阶段的发展未成熟，因此前沿领域与同步创新模式是互相适应的。

（2）创新各阶段已兴起并具有一定的发展基础。同步创新模式并不是在产业创新开始时产生的，前面提及产业可能还需经历线性创新模式的兴起阶段，同时无论是 Rothwell(1994)的图 2.1 的平行模式刻画还是国内石墨烯产业同步创新模式的刻画（图 3.7），同步创新模式皆是在创新发展至一定阶段后开启的。另外同步创新模式主要涉及不同阶段高速增长期在一定时间段上的重合，而高速增长期需要一段时间的发展积累，因此，同步创新模式的开展需要不同阶段具有一定的发展基础。例如在整个石墨烯产业兴起时期，安德烈·海姆在提取单原子层石墨烯之前其制备尚未实现，技术应用和市场化阶段更无从谈起，等到整个产业发展具备一定基础时，不同阶段也开始出现，才具备进入同步创新的条件。生产方与应用方在技术或产品上的合作：如果生产方的成果还处于一个概念形成时期，应用方较难参与，特别是双方不是固定合作关系，而生产方发展基础越牢固，吸引应用方的可能性越大。但是不适应同步创新模式发展的时期只是整个产业发展最初期,不能代表产业后来发展时期,并不与本书提出的一些加快国内石墨烯创新三个阶段同步发展的措施相矛盾。"以具体企业或应用为出发点的科学研究""用户发起创新"可以在整个石墨烯产业创新进入一定阶段且不同创新阶段已具备一定积累时进行,而当前国内石墨烯产业已经积累了一定基础,符合开展同步创新模式的条件。前面也提及不能等各阶段发展成熟,同步创新模式较适用于各创新阶段具备一定发展基础但未发展成熟时进行,而这个时间段恰巧涵盖了高速增长期的发生时间,这对于未来其他前沿领域实行同步创新模式来说具有一定的参考作用,是本书的实践意义之一。

(3) 第1章在概述前人对同步创新模式产生的原因时,主要强调产业集群的产生以及节约时间成本的要求,这两点对于石墨烯产业同样适用,时间要求无须赘述。而石墨烯产业集群的产生具有较多表现,石墨烯产业需要上游提供原材料并将产品应用至下游,这影响需要借助产业集群的优势,同时前面提及地方政府或园区管委会与中国石墨烯产业技术创新战略联盟等机构共同成立石墨烯产业应用示范基地,包括石墨烯制备和应用企业,截至2018年8月已成立21家。所以表6.1在总结石墨烯产业创新中同步创新模式产生所需条件时,将上述三者列入基本条件中。

表6.1 国内石墨烯产业创新中同步创新模式产生所需条件

维度	具 体 条 件	可能处于同步创新模式的创新阶段
基础条件	创新各阶段发展尚未成熟	—
	创新各阶段已兴起并具有一定的基础	—
	产业集群的产生	—
	时间成为重要的竞争资本	—

续表

维度	具 体 条 件		可能处于同步创新模式的创新阶段
技术条件	以科学为基础的产业	科学研究处于巴斯德象限	科学研究、技术应用
		科研型中小企业较多	技术应用、市场化
		以具体用户或应用为出发点的科学研究	科学研究、技术应用、市场化
	专属供应商产业	重视专利	科学研究、技术应用
	用户发起创新的产业	以用户需求为重要的机会来源	技术应用、市场化
管理支撑条件	需求面和环境面政策工具较多		—
	形成用户参与创新		取决于用户参与时生产者创新所处阶段,但保障性越高越倾向后期阶段
	形成用户发起创新		科学研究、技术应用、市场化

由于本书的研究聚焦于石墨烯产业案例,所以只总结同步创新模式在石墨烯产业中的发生时间,无法概括在其他相关产业中的发生时间。但本书认为同步创新模式中涉及的市场化阶段需要伴随着企业数量的高速增加,所以同步创新模式发生于 G-K 模式中进入市场企业数量高速增加的第二周期可能性较大。

6.1.2 基于内部原因的技术条件

本书从内部和外部两个视角分析同步创新模式出现的原因及其形成的

技术条件和管理支撑条件。内部原因聚焦于石墨烯产业自身产业特征和技术制度。前面通过将石墨烯自身产业特征与 Pavitt(1984) 和 Castellacci(2008) 产业分类相匹配，发现其定位接近于以科学为基础的产业和专属供应商产业。作为以科学为基础的产业，科学研究成为重要的技术来源，而科学研究可以根据出发点不同被司托克斯(1999)[60-64] 分为不同的象限，不同的象限可能会为科学研究带来不同的产出。本书盘点了石墨烯的科学研究发展史，经历了从玻尔象限到巴斯德象限的转变，玻尔象限仅重视科学认识的增加，因而可以带来论文数量的增加，而巴斯德象限既重视科学认识的增加也重视应用的进一步提升，因此，处在该象限的科学研究可能会带来应用与认知方面成果的共同提升，专利作为技术应用的成果，会形成论文与专利数量共同增加的可能性，所象征的科学研究与技术应用阶段也会在一段时间内处于同步创新模式。巴斯德象限的目的与 Bozeman(2000) 所提出的知识转化和技术转化有较大程度上的交叉，当二者转化进入瓶颈期或饱和期时则无法对论文和专利数量的增加具有帮助，进而影响科学研究和技术应用阶段的高速发展，所以处于巴斯德象限的科学研究且知识和技术转化皆未进入瓶颈期或饱和期时，科学研究和技术应用阶段同步发展具有可能性。

象限的转化解释了无论是国内还是国际石墨烯产业科学研究经历了多年的发展才迎来了高速增长期，也与技术应用阶段进入同步创新。以科学为基础的产业、专属供应商产业相较于其他产业，重视专利和内部研发、以用户为主要机会来源的特征较为明显，这也为石墨烯创新不同阶段处在同步创新模式提供了部分解释。重视专利使得早期高校或科研机构重视论文和专利的产出。重视内部研发，产出可以通过论文或专利的形式表现，企业更看重专利的时效性和专属性，因此，通过专利来记录和维护研究成果较多，再加上高校专利转让制度目前尚不成熟，多数企业开始自己研发并申请专利。国内高校或科研机构的评选规则促使研究人员更多地选择用论文展现石墨烯的研发成果。因此，当企业和高校都进入研发阶段时形成了论文数量和专利数量同步增加的局面，在一定程度上形成了二者处于同步创新模式的原因。

石墨烯产业中中小企业数量较多，且作为以科学为基础的产业，较多企业为研发型中小企业。研发型中小企业创立的资本多为创新型研究成果或技术，也是这些企业的独门绝技，而这些常常以专利的形式保存。这些专利既可以成为这些企业与大型企业竞争的优势，也可以作为部分初创型企业成立的资本。因此，在以科学为基础的产业中专利可能会催生研发型中小企业的诞生，所以专利数量越多，进入市场的企业数量可能也就越多，进而使二者数量在一段时间内同步高速增加。在科研型中小企业较多的产业中，专利的增加可能会促进技术应用阶段与市场化阶段处于同步创新模式。用户为主要机会来源，说明产业对于下游应用方较为依赖，产品或技术在制造过程中需要融入用户需求或者可以根据用户需求发起生产制造，因此，用户需要参与生产方的生产过程，而生产方担心产品定型后不符合用户需求，一般选择在生产未完成或者样品生产完毕后与用户合作，再根据用户需求对产品进行后期加工。用户作为交易的接收方，也是产品市场的采用方，会为生产方带来市场相关信息，为产品添加商业价值，这也是市场化过程所赋予的价值。因此，与用户建立正式合作后市场化阶段也开启，在生产未完成前融入市场化阶段，而生产过程包括研发和应用过程，有助于市场化阶段与其他阶段形成同步创新。

数据显示，国内石墨烯产业创新进程中未实现不同创新阶段在一段时间内同时处于同步创新模式中，因而在创新效率的提升上未发挥最大作用。出于为实现国内石墨烯产业三个创新阶段同步创新的需求，本书基于Pavitt（1984）知识分类和巴斯德象限（司托克斯，1999）[60-64] 理论基础，将巴斯德象限中以应用为出发点的科学研究分成两类，其中一类为以具体用户或产品为出发点的科学研究，另一类为以多数用户或产品为出发点的科学研究，发现以具体用户或产品为出发点的科学研究在实现创新三个阶段同步创新的可能性大于后者，并且与Hippel（1975）所提倡的用户发起创新模式具有相似性。以具体用户或应用为出发点的科学研究可以较大程度缩短各阶段之间兴起的时间差，使其处于同步创新模式，在一定程度上可以避免创新成果浪费，防止创新进程进入瓶颈期。

以具体用户或应用为出发点的科学研究具有一定的风险,因为这种科学研究的成果趋于定制化,不利于生产方与更多应用方建立合作,减少了潜在商机。应用方尤其是终端产品生产方内部研发机构、分公司或者固定合作的上游公司,可能实行的是以具体用户或产品为出发点的科学研究,但是目前这种情况在国内石墨烯产业中存在情况可能较少,未成规模,否则科学研究与市场化阶段将有可能出现同步创新。部分生产方在产品生产未完成时寻找下游应用企业,再根据客户具体要求对技术或样品加工,过程中有时也需返回科学研究阶段解决问题,但此时出发点区别于合作之前希望吸引更多下游企业的想法,而是以具体用户或应用的要求为指导开展,区别于生产早期定位于多数用户或产品需求。但是这时期以具体用户或应用为出发点的科学研究,只是一些应用问题上的调试,不涉及核心技术,因为在合作之前用户出于自身利益的考虑,对生产方成果成熟度具有一定的要求,同时生产方也是以多数用户或应用为出发点,所以科学研究阶段可能已经趋于成熟,不会带来不成熟时采用以具体用户或应用为出发点的科学研究相同的影响。这些企业经历了以多数用户或应用为出发点向以具体用户或应用需求为出发点转化,也是产品从共性走向个性的过程。这种转化也存在一定的合理性:① 国内石墨烯企业以中小企业为主,以多数企业应用或产品为出发点可以扩大其利益。② 以具体企业或应用为出发点可以将生产方潜在利益落到实处,生产方只在产品后期融入用户的定制化需求,其早期生产的样品可以融入多数用户需求,因此,在具有可以满足多数企业或产品需求的技术或样品基础上进行转化,既可以减少潜力商机的损失,也可以获得实际利益。

6.1.3　基于外部原因的管理支撑条件

科技政策是影响中国科技成果的重要因素,Lundvall 认为其也是创新生态系统的组成部分(Acs et al.,2002),也被 Dan(2016)、Ling 和 Naughton

(2016)当作中国推动科技发展的特色行为,所以国内石墨烯产业同步创新模式的形成不能缺少政策的参与。政策是公共管理中的代表性工具,可与其他行为措施合称为公共政策工具,而政策工具又是分析公共政策的重要途径,因此,本书以公共政策工具为视角从外部分析国内石墨烯产业同步创新模式形成的原因。

截至 2017 年 12 月 31 日,国内共出台 737 项专项或相关石墨烯政策/文件,有直接提出同时开展创新不同阶段的内容,也有通过"协同"开展或者列出具体产品领域需要发展的不同创新阶段,更多的是通过对其他方面发展的强调而间接体现同步创新模式,例如以下游应用/市场需求为引导,促进市场化阶段与其他阶段同步创新、以产业链上下游协同发展促进创新不同阶段的同步创新。在促进和维护国内石墨烯产业同步创新的代表性政策工具上,国家除了通过强调与石墨烯主要技术领域相关的设备、辅助材料等支撑型产业和技术咨询、技术转让等服务型产业生产内容同步发展外,还重视技术扩散路径"引进来"和"走出去"双向同步发展,以保障石墨烯主要技术领域同步创新模式的发展。同时,国家还相继设立以新材料首批次应用保险为主的石墨烯应用专向补贴或资金、推广石墨烯示范应用工作、建设创新中心等技术转化或孵化平台、组织大型交流平台,为生产方引进应用方,缩短二者进入市场的时间,同时维护二者在市场中的持续时间,进而可缩短二者所影响的创新阶段兴起的时间差,以及延长不同阶段尤其是其高速增长期所持续时间,这些都是同步创新发展模式所强调的。这四项促进和维护国内石墨烯产业同步创新模式的行动措施为合作双方提供一定的保障,其中三项保障性较高,因而对申请方有一定的要求,尤其是生产方,要求其创新成果具有一定的成熟度,进而当生产方进入平台并与应用方形成合作时,创新可能已经发展至一定阶段,进入技术应用阶段较为普遍,所以这些行动措施形成的同步创新模式较倾向于技术应用阶段与市场化阶段,进而也成为国内石墨烯创新进程三个阶段未皆处于同步创新模式的部分原因。这些行动措施已经在地方政府也得到了推广。

本书认为国内当前实行的代表性公共政策工具侧重于需求面和环境

面,从缩短生产方和用户进入市场的时间差和延长二者在市场中的存在时间出发来促进和维护同步创新模式,进而成为其形成所需的管理支撑条件。需求面和环境面政策工具所涉及的管理方法较为广泛,对何种阶段处于同步创新模式没有直接性影响。同时列举的代表性政策工具侧重于形成用户参与创新,因为其风险较低,能为合作双方提供较多保障。用户参与时,生产方所处的创新阶段能够决定进入同步创新模式的阶段,具体表现为生产方所处阶段与后兴起阶段之间进入同步创新模式。而本书盘点的多数公共政策工具倾向于生产方创新进入技术应用阶段,在这些政策工具的介入下,技术应用与市场化阶段有较大可能进入同步创新模式。相反,以用户需求发起创新,便可以将其添加至后期需进行的创新各阶段,进而在不同阶段的进行中添加市场信息,可使市场化阶段与其他阶段同处同步创新模式,同时用户发展创新早已为科学研究、技术应用、市场化阶段确立成果输出对象,因而节省了不同阶段的兴起时间,提高了不同阶段处于同步创新模式的可能性。

6.1.4 石墨烯语境下形成同步创新模式的条件总结

本书以国内石墨烯产业开展同步模式为例,从三个角度分别总结了同步创新模式开展所需的基础条件、技术条件和管理支撑条件(表 6.1),对未来其他前沿领域开展同步创新具有一定的参考性,这也是本书的实践意义之一。这些前沿领域需符合基础条件,如果具有以科学为基础的产业或专属供应商产业特征,可以根据表 6.1 进行适当调整,但是不排除其他技术领域具有专属特征优势为同步创新模式的开展提供条件,管理支撑上依据保障性和承担风险程度高低为生产方和应用方提供合作条件,但是用户发起创新更利于所有阶段处于同步创新模式。

6.2 中国石墨烯产业推行同步创新模式的困境

同步创新模式加快了产业化速度,使尚未发展成熟的各创新阶段在一定时期内处在同步创新模式中,改变了线性模式中强调的后兴起阶段需要前兴起阶段已发展成熟的基础铺垫,同时也缩短了各阶段需要沉淀的时间,例如检验期的缩短,这可能提高了日后技术或产品的质量风险。石墨烯作为前沿领域,其技术和市场依旧具有不成熟性和不确定性,加快的创新步伐可能会增加这些问题的风险,同时也会让这些问题提前暴露,因而同步创新模式在抢占市场先机和提高创新效率的同时还会带来以下问题。

6.2.1 产业发展早期退出市场的企业数量逐年递增

截至 2017 年 12 月 31 日,国内共有 96 家企业退出石墨烯市场,第一家企业退出市场时间为 2014 年(第二周期开始时间),并且至 2017 年退出企业数量逐年递增(图 6.1),尤其在 2017 年,数量达 70 家,占据 2014—2017 年所有退出企业数量的 72.92%,而且 2018 年退出企业的数量进一步增加,截至 2018 年 5 月 17 日,2018 年当年退出企业的数量已超过 2017 年时的半数,达 36 家。虽然 G-K 模型没有确定企业退出的时间点,但是考虑到产业发展第三周期进入市场和退出市场的企业数量达到平衡,因而也是在第三周期前出现。但是近年来石墨烯产业中仅在第二周期开始三年后,退出市场的企业数量就迅速增加,而且之后并没有减缓趋势,这可能会缩短技术应用阶段与市场化阶段同步高速发展持续的时间,因而需要关注和总结其出现的原因。

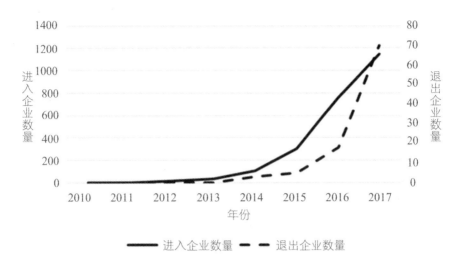

图 6.1 国内石墨烯企业进入市场和退出市场数量对比(2010—2017 年)

退出企业数量的迅速增加通常伴随以下两个原因：

一是主导设计出现(Klepper,1996)，但是作为主导设计主要表现形式之一的石墨烯行业标准(Mazzoleni,Nelson,2007；Narayanan,Chen,2012)分别形成于 2017 年 10 月(国际)和 2018 年 12 月(国内)，不足以解释 2017年石墨烯企业退出高潮的出现。

二是技术快速变化。结合 Gort 和 Klepper(1982)以及文献中引用 Philips 观点，技术变化既可以带来进入者数量快速增加，也可以加剧生产者退出。技术的快速变化是因为技术的不确定性，这一点正符合当前国内石墨烯领域语境。石墨烯技术尚未成熟，因此，其快速变化可能性较大，尤其是石墨烯原材料制备方式依旧在向高质量、大规模、低成本的方向不断努力，截至 2017 年 12 月 31 日尚未形成非常成熟且被广泛推广的单原子层石墨烯高质量、大规模制备方式，原材料制备方式的不断变化对应用产品成本和产量的影响较大，进一步加剧了技术和市场的不确定性。石墨烯产业具有以科学为基础的产业特征，在 Castellacci 等(2008)的产业分类中，以科学为基础的产业中许多企业具有内部创造新知识的能力，而且其创新进展需与高校或其他公共研究机构保持同步,因此,与高校和科研机构在科研成果上的竞争更加激烈,这又扩大了石墨烯企业的竞争对象范围。

除此之外,退出企业数量的迅速增加与同步创新模式的开展也有一定关系。同步创新加快了产业化步伐,使得生产方需要以更快的速度推出新技术或产品,这为机构的创新效率带来了更大的考验,例如企业在申请专利上的速度竞争。携带最新研究成果进入市场的企业数量逐渐增加,对已进入市场并未及时保持成果更新速度的企业将形成更大的压力,而石墨烯领域的中小企业较多,其人员、资金、设备等硬件配置有限,风险承受能力也较为薄弱,所以面对高速度的创新环境和形成的大量竞争对手时,部分不适合市场的企业便被淘汰。因此,同步创新模式加快了创新的步伐,也加快了企业被淘汰的步伐。这便是在国内石墨烯产业第二周期开始的当年(2014年)出现第一家退出市场的企业的部分原因,此年是市场化阶段与技术应用阶段开始同步发展之年,也可以部分解释2016年后退出企业数量迅速增加的原因。

同步创新加快节奏的背景下,部分企业为了片面追求速度,舍弃了对产品质量的要求,为应用企业带来了一定的损失,也致使应用方对其信任度逐渐降低,后期产品无法寻求到市场。还有更多的应用方采用观望的态度面对石墨烯领域快速推出的新技术或产品,在高速的同步创新环境下,产品无法及时应用便会造成积压,加剧生产方产品积压的程度,再加上进入市场的生产企业数量逐渐增加,越到后期积压程度越重,致使生产方付出的成本无法得到回报,最终走向破产。所以在石墨烯产业化早期,退出市场的企业数量伴随着进入市场企业数量增加而增加,同步创新带来的高速创新环境,加快了企业退出市场的速度。据统计,截至2017年12月31日,约80%的企业存活年限不足两年,而其中存活年限不足一年的企业约占41%,两年的存活年限或许成为衡量技术尚不成熟领域的中小企业能否坚持的时间标尺。

6.2.2　用户参与创新对产业化发展作用有限

政府主导的以促进和维护国内石墨烯产业同步创新模式的行动措施中,倾向于在生产者创新进入技术应用阶段引荐应用参与其创新,进而推动技术应用与市场化阶段共同进入同步创新模式,也形成了用户参与创新的模式。用户创新优势较多,主要包括以下四点:第一,用户创新不再是以经济效益为出发点,主要是出于自身使用方便,因此,有时会选择免费分享创新想法和反馈意见(Hippel et al.,2013),有利于社会福利(Henkel,Hippel,2004),这与希望扩大产品销量而有偿分享创新的生产者不同。第二,用户创新出于下游使用者需求,供需平衡,因此,对其进行投资具有高回报(Svensson,Hartmann,2018),提升了创新效率(Baldwin et al.,2006)。第三,由于使用的关系,用户比生产者更早意识到创新的需要,Stock 和 Schulz(2015)发现约 60%的用户具有发展功能型样品的理念,早于生产者,所以用户在新发现上具有时间优势。第四,用户创新出于自身使用的需求,可能避免出于经济需求而去模仿先人成功的案例,进而创造出更多真正的创新产品,这对于技术发展较迟的国家改变其"模仿"路线更为适用。

用户参与创新和用户发起创新作为两个主要模式,它们之间最主要的区别便是用户参与创新相比用户发起创新参加的创新阶段较少。Hyysalo 和 Usenyuk(2015)、Hippel(司托克斯,1999)[10-12] 论述用户创新模式时偏向于"用户发起创新",因为可以让用户全程参与设定的不同创新阶段,而生产者只是参与后期部分阶段,因而用户的身份转化为发起者,生产者的身份转化为参与者,这较之于以生产者为中心的创新也是一种创新(Henkel,Hippel,2004)。Hyysalo 和 Usenyuk(2015)将用户和生产者活动分成四个阶段,分别为"需求认知(need recognition)、概念形成(idea formulation)、应用中调试(adaptation-in-use)、商业化/扩散(commercialisation/diffusion)"。在"用户发起创新"语境中用户从其设定的最初创新阶段开始参与,即"需求认知"和"概念形成"阶段,而用户参与创新无法覆盖到所有阶段,前期生产者生产时可能未考虑到用户需求,会形成一定脱节。如果将政府主导的行动措施下用户开始参与的生产者阶段放置在 Hyysalo 和 Usenyuk(2015)所总结的创新阶段中,在"应用中调试"或商业化阶段参与,此时用户所需的核心技术或产品样品可能已成熟,但是生产方在未寻求用户帮助下独立完成的。虽然生产方概念形成时也需融入下游用户的需求,但是这时定位的目标并不是确定的用户,与用户发起创新中的用户需求并不是同一个概念,只是出于生产者对当前产品市场的总结和预测。

　　用户参与创新与用户发起创新各具优势和劣势。本书提及的各项行动措施中,用户在生产者创新较为成熟时才进入,形成用户参与创新,因而可以降低用户所面临的风险,也可以提高平台所承担的成本投入和后期得到回报的可能性。而这恰恰也是用户发起创新的劣势,但是其在节约时间、用户自愿性和需求性、创新成果有效利用上更具优势,进而也可以降低生产者在用户参与创新中所面临的风险,所以在前沿领域中用户发起创新依旧更具潜力。具体如下:第一,用户发起创新可以节约生产者寻找用户的时间,尤其是当产业链中生产者数量与用户数量差距较大时,生产者需要花费大量时间寻找合适的用户并等待其检验成果,因而相比用户发起创新尤其是终端用户发起创新会浪费更多的时间,所以用户发起创新更利于前沿领域研究成果抢占市场先机。第二,用户发起创新最大程度地体现了用户自愿参与和进入市场,避免拔苗助长。第三,减少生产者成果无法应用而造成的资源浪费,同时也可以使其充分有效地适合用户需求。第四,用户发起创新不再是以经济效益为出发点,主要是出于自身使用方便,因此,有时会选择免费分享创新想法和反馈意见(Hippel et al.,2013),有利于社会福利(Henkel,Hippel,2004)。

　　更重要的是,用户发起创新相比用户参与创新,创新各阶段在一段时间内同时处于同步创新模式的可能性较大,因而更加有助于提高创新进程效率。但是考虑到同步创新模式有可能会加剧前沿领域的风险程度,政府主导的以促进和维护国内石墨烯产业同步创新模式的行动措施偏向于构建用户参与创新。石墨烯及其应用产品主要还需供应于下游市场,这便代表在石墨烯产业中不可忽视用户创新的作用。用户参与创新以生产者为出发点,有利于维护参与的用户的利益,保障性较高,而用户发起创新虽然从用户本身出发,但是相比前者更利于维护生产者在创新中的利益,并且可以更大程度地节约时间,因而政府等主管部门在面对这两种用户创新模式时是矛盾的。

2018年10月,上海市石墨烯产业技术功能型平台相关负责人在访谈时介绍,当前国内石墨烯产业中生产者数量多于用户数量,并且差额较大,虽然用户参与模式可能会在一定程度上缓解这种情况,但是效果并不如用户发起创新模式。大部分书中列举的各项推动用户参与创新的措施从推行以来至2018年12月31日已超过三年时间,部分实现产业化的瓶颈问题依旧存在,供求市场依旧不平衡,退出市场企业数量开始急剧增加。前面统计的退出市场企业大多为石墨烯生产制备企业,统计时以"石墨烯"为经营范围,而下游企业经营的产品可能并不是石墨烯,例如前面列举的华为、比亚迪等公司,所以这些退出市场的企业多数为生产方。通过这些表现可以看出用户参与创新在解决供需平衡等问题方面的作用依旧有限,长此以往供需不平衡会阻碍产业化进程的发展。其实生产方与用户进入创新市场的出发点不同,尤其在前沿领域中大部分生产方会早于用户进入市场,客观环境也不利于用户发起创新模式的形成。这可能需要政府在刻画或制定部分政策时减少自身保障性的考量比重,需要帮助用户和生产方分担大部分风险,还需进一步"放开",可以在一段时间内通过对企业和用户双方以及具体领域进行严密分析后实行。

6.2.3　忽视终端产品生产商参与的市场化阶段

产业链是多层次的,例如图6.2所展现的某产业链,其中B,C,D分别相当于A,B,C的下游应用方,而C,D,E分别又是其下游应用方,假设E为终端产品生产商,其生产的产品可直接进入市场被消费者购买,那么 B 和 C 在分别购买 A 和 B 的技术或产品后还需通过自己的加工,售卖于非终端产品生产商的 C 和 D。如果 D→E 的产业链出现问题,即 D 生产的技术或产品无法售卖于 E,或者短时间内未找到 E 的替代者,长此以往 D 的技术或产品积压严重,则对 C 和 D 之间的产业链形成影响,后期也将一步步沿着 A→D 的产业链向上层影响,最后致使整个产业链无法运转。尤其在同步创新模式下,创新速度进一步提升,产业链上游的出货速度不断加快,因而维持产业链运转可承受的断层时间也会缩短。虽然 B、C、D、E 在某段产业链中同为应用方,但是能否长期存在于市场中取决于终端产品生产商 E。同步创新模式强调市场化阶段与技术应用阶段的同步发展,但是市场化包含的内容较多,例如量产、产品销售、获得效益、进入消费者市场购买等(Kollmer,Dowling,2004;Kalantaridis,2017),并未规定必须进入面对消费者的市场,因而市场化也分等级。图 6.2 中 A 的产品销售于 B,因而 B 的介入可以引起市场化阶段,所以只要是购买生产方产品的用户无论处于产业链什么位置皆有可能带来市场化阶段,所以对市场化阶段与其他阶段同步创新的强调还需细化。未建立面向终端产品生产商的市场化,如同图 6.2 中位于产业链中层的 B 和 C 作为应用方只能暂时性进入市场,后期可能会因为自身销路的问题退出市场,与生产方数量平衡问题未能得到明显而长效的解决。

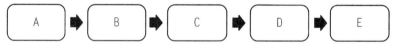

图 6.2　某产品领域产业链

虽然当前政府出台的相关政策和采取的行动措施强调市场化与其他阶段同步发展,但是并未对市场化阶段进行细分,突出强调终端产品市场化与其他层面市场化或其他创新阶段的同步发展,缓解因生产方与应用方的数量失衡而造成供大于求的难题,所以为同步创新模式的推行至今未有效缓解供需双方数量平衡提供另一方面的解释。未来同步创新模式的具体推行措施可能还需细化,不仅只关注终端产品生产商,对于重点推行的产品领域可能涉及的产业链不同位置的主体进行预测,进而细化市场化阶段并规划和促进各分阶段与其他阶段进入同步创新。其实重视终端产品生产商在产业链的地位在部分国内石墨烯政策或行动中已有所展现,例如2015年12月工业和信息化部等三部委印发的《关于加快石墨烯产业创新发展的若干意见》中提出"以终端应用为出发点",2016年4月工业和信息化部办公厅、财政部办公厅印发的《工业强基工程实施指南(2016—2020年)》中提到"引导生产、应用企业和终端用户跨行业联合,协同研制并演示验证功能齐备、可靠性好、性价比优的各类石墨烯应用产品",以及包括上海市石墨烯产业技术功能型平台在内的部分技术转化或孵化平台也开始参与与终端企业的合作,为生产方引进终端产品生产商。但是调研时上海市石墨烯产业技术功能型平台相关负责人反映这项工作当前并未广泛推行(截至调研时间2018年10月),部分典型的且符合应用市场需求的大型终端产品生产企业并未参与其中,致使终端产品生产商的参与并未在石墨烯市场的构建中发挥最大作用,未形成规模性的影响。

6.3 石墨烯产业推行同步创新模式的措施建议

6.3.1 细化风险承担标准

石墨烯作为突破性创新,其标准的制定需要一个过程,同时标准化与创新之间存在不明确的关系(Wright et al.,2012)。虽然标准的制定可以降低产品和技术因不符合标准而被淘汰的风险,促进创新的扩散(Gharib,Jennifer,2007),拥有标准制定权的一方具有发言权(Xie et al.,2015),同时可以避免行业内石墨烯产品鱼龙混杂,市场竞争无序。但是标准化也具有反面影响,例如对创新有所限制,阻碍了创造力(Hamel,2006),尤其是它可能会推迟发明成果进入商业化的时间(Hill,Rothaermel,2003),所以在前沿领域的产业出现早期,政府为维持产业市场的繁荣性和自由性,为生产者提供较为自由和宽松的竞争秩序,并不去制定严格的行业标准。因此,标准的制定对创新效率的影响有利也有弊。在 2018 年 12 月 29 日首个石墨烯国家标准出台之前(2019 年 11 月实行),部分企业抱有机会主义心态,在标准制定的空档期单纯追求利益最大化,忽视了质量的保证。由于大部分石墨烯及其应用产品需作为基础材料和零部件应用于下游产品中,一旦质量出现问题,会损害与其相适配的其他零部件,为用户带来更多损失,造成资源浪费。

同步创新模式加快了产业创新速度,部分生产方为了追求速度而忽视对质量的要求,致使技术不成熟等客观因素造成的产品质量问题更加严重,进而降低用户参与市场的意愿,市场中应用方与生产方数量失衡,退出市场企业数量增加。同时加快的生产速度致使石墨烯短时间内成为热门话题,部分生产方为搭上热度,不顾自身的实力是否达到要求便强行进入市场,甚至以"石墨烯"为"噱头"售卖并非真正意义上的石墨烯产品,或者将石墨烯投入中低端产品生产中,进而造成石墨烯研究资源及国家扶持资源的浪费。实际上,作为前沿领域的石墨烯的入门门槛普遍较低,这为中国赶超发达国家提供了机遇,因而中国未来希望石墨烯技术或产品可在国际领域立足。2017 年 9 月,中共中央、国务院印发的《关于开展质量提升行动的指导意见》中提到,使石墨烯"逐步进入全球高端制造业采购体系"。但是如果国内石墨烯产品质量普遍下降,可能对中国进入其他国家的石墨烯产品应用市场产生影响,甚至可能被排除在国际通行的石墨烯行业标准之外。

市场标准和创新质量是推行同步创新模式、提升创新速度的前提。当前政府愿意承担部分石墨烯及其产品应用时出现的损失,但是只限于因技术不成熟等客观原因引起的损失,如果是生产方主观因素造成的问题,只能由应用方自己承担风险,这使得应用方与生产方在市场中的地位并不平等。

为此,建议政府可以出台相关规定要求应用方、生产方承担主观因素造成的应用风险,规定生产方赔偿应用方在应用过程中的损失。将政府承担的客观因素导致的应用风险与主观因素导致的应用风险进行区分,因而政府需要严格划分自身与生产方在石墨烯及其产品在应用过程中所承担的责任范围,同时政府还需区分应用方自身主观因素还是客观因素造成的风险损失,为调动应用方积极性,政府可为其再分担部分风险,只是政府在这类风险问题上的承担比例须小于客观因素造成的应用方损失。综合而论,政府需要制定和区分三个维度的风险承担标准:第一,生产方主观因素造成的质量问题造成的应用损失,可要求生产方承担;第二,技术不成熟等客观因素造成的应用损失,政府可承担大部分;第三,应用方主观因素造成的应用损失,政府可承担小部分。

6.3.2 制定公共政策工具

作为前沿领域,石墨烯技术的不成熟致使应用方与生产方进入市场具有时间差和数量差,同步创新模式的推行加剧了二者在市场上的失衡态势,不利于产业化的持续推进。前面阐述了石墨烯公共政策工具中供应面、需求面较为倾向于生产方利益,因而二者态势失衡与这有一定的关系。例如多项政策中强调关键技术和共性技术的突破、推动产品进入应用等内容皆是面向石墨烯生产制备企业制定,如果放大来说,多数石墨烯政策都是面向石墨烯生产制备企业制定,而这些企业多数为生产方,虽强调以应用需求为出发点,但依旧定位于生产方去寻求与应用方的合作,关于应用方如何参与或者进入市场方面的内容较少,所以国家石墨烯政策较为偏向于生产方。

石墨烯产业重视用户,较多机会来源于用户,因此,在制定石墨烯相关产业公共政策工具时可以尝试转变视角,以用户为出发点。Baldwin 等(2006)、Hippel 和 Flowers(2012)曾认为许多国家创新政策聚焦于提供创新成果的公司,研发是介绍新产品和提供服务的前提条件,进而形成以生产者为中心（producer-centric）的创新范式，但会忽视创新的潜在重要来源——用户。Hienerth 等（2014）认为在缺乏以用户为中心的创新政策环境中，个体用户会不合时宜地选择创新并频繁结束，这如同前面所说的用户只是暂时性地进入石墨烯市场，虽然其是自我选择，但是会增加选择成本。Svensson 和 Hartmann（2018）认为用于支持用户的理念相当新颖，而且在以用户为导向（user-directed）的政策下，用户在探索适合于自己采用的创新时将降低成本，可以将多余的成本用于发展更多值得发展的潜在创新。面对重视和依赖于用户的产业，例如专业供应商制造产业，政府等在制定相关公共政策工具时需要转变原有的定位倾向，适度调配其在生产者和用户中的考量。在制定以用户为出发点的政策时，不仅需要保障用户进入市场后的利益，也要思考如何激发用户尤其在前沿领域中自发进入市场的用户的热情，有利于形成用户发起创新，以及以具体用户为出发点的科学研究。用户发起创新虽然有利于生产方，但还是以用户为出发点，当政策制定偏重用户时，会形成有利于用户进入市场的环境，进而促进用户发起创新的诞生。

当前国内石墨烯产业创新中部分促进同步创新模式的公共政策工具，例如"示范应用工作""新材料首批次应用保险"等通过提供补贴、服务等保障用户在应用过程中承受的风险，但是这些政策工具主要还是出于保障用户利益，从事后出发，即用户进入了市场后如何补救，而没有从事先激励的角度出发，没有考虑如何让用户早于生产方进入市场而发起创新，与本书设想的形成用户发起创新的环境还存在一定距离。同时"示范应用工作"等以点名具体机构的形式便具有些强制性，违背了用户创新自愿性的原则（Rinne，2004），尤其是前沿领域发展初期，用户由于存在自身利益的考量主动进入市场难度较大，因而可能需要带有一点推动式的进入，这在当前国内政策制定中已被意识到，但是如何提升用户早于生产方进入市场的意愿需要进一步考量。政府等部门在做好保障用户权益、牵头重大合作项目的同时，可以考虑为用户发起创新和为用户参与创新设定不同额度的奖励，不仅需对率先应用该项成果的用户进行奖励，还需对达到一定规模应用的用户追加奖励。同时公共管理主体也可以考虑以用户为出发点制定技术路线图,为预见可进入市场的时间,这个时间可能需要早于技术成熟,并及时更新,这也符合 Rannie 认为技术路线图包括两方面——技术的演化和在产品中的应用其中一种(Markard et al.,2012)。

6.3.3 推行尝试性管理方式

新兴科学和技术会带来技术制度的改变(Kuhlmann,Rip,2018),也会引起一些未经历过的社会挑战(Weber,Rohracher,2012),所以对于新兴科学和技术的管理容易失败(Fabrizio,Minin,2008)。针对新兴科学和技术的不确定性以及多变性,部分学者认为可以采用一种尝试性管理方式(tentative governance)。Kuhlmann 等(2019)将启发式的管理研究分为四种,其中一种为尝试性管理,常在技术发展早期制定,摒弃封闭式的管理过程,取而代之的是设定一个框架然后在框架内找寻特定方向推进,但不强制推行,一段时间后根据前期推行过程和效果决定是否继续推行。尝试性管理强调灵活性、谨慎性和暂时性,其中灵活性用来应对新兴科学和技术的经常变化的目标,谨慎性负责应对未经历过的挑战,而暂时性减少因错误设置的管理方式带来的风险。石墨烯作为前沿领域,其市场和技术的不确定性与新兴技术的特点相同,再加上采用同步创新模式后,加剧了市场和技术不确定性所引发的问题,所以对于石墨烯产业创新的管理也可以采用"尝试性管理"方式。

尝试性管理的三个特征在国内石墨烯产业创新公共政策工具上的体现是推行范围的典型性和推行时效的暂时性。政府部门在推动应用示范工作时会有点名合作的机构,新材料首批次保险机制所依赖的《重点新材料首批次应用示范指导目录》对石墨烯技术内容和技术领域有详细规定,这与 Kuhlmann 等(2019)提到的尝试性管理选择特定方向推进相似。国内石墨烯领域选择的特定方向包括典型机构、典型技术和典型领域,而这三个"典型"具有一定的成熟度或者典型性,这代表石墨烯公共管理措施先期在小范围试行,以最大努力将未预见的风险降到最低,这也是尝试性管理中谨慎性的体现。暂时性在国内石墨烯管理领域主要表现为约64%的石墨烯专项政策具有一定的有效期限,表6.2盘点了2017年12月31日前国内石墨烯专项政策以及部分较为详细提及石墨烯内容的政策,除了规划的有效期限普遍在8年左右外,涉及具体实施意见、实施方案、行动计划等实操型的政策有效期大幅缩短,平均有效期仅为2.6年。部分政策并未明确提及其有效截止日期,但是设定了目标实现年份,也可以视作设定期限的另一种表现方式。如果将这类设定目标实现年份的政策纳入统计范围中,所有实操类政策平均有效期为3年。面对同步创新模式的推行下逐渐加快的创新速度,缩短了产业发展可预见范围的时间跨度,也可能会出现部分超出可预见范围的问题,因此,建议未来石墨烯政策尤其是实操类政策的制定应倾向于尝试性管理,不仅可以缩短有效期限,也可以将政策逐步细化,设定具体的适用领域,定期及时更新。Castellacci(2008)也认为一个长期战略应该由其他短期和更加具体的政策来补充,当前工业和信息化部每年更新《重点新材料首批次应用示范指导目录》的指导思想与此相类似。国内石墨烯公共政策工具制定上偏向尝试性管理,可以为后期推行较为成熟的政策工具搜集信息,进而也体现出尝试性管理是一种学习与实践同步进行的过程。

国外在纳米技术和基因工程领域采用过尝试性管理,其管理方式主要倾向于对公共关心问题以及潜在风险的管理(Padilla-Pérez,Gaudin,2014),中国石墨烯产业创新中采用的公共政策工具较多体现在风险管理上,例如新材料首批次保险便是对应用后的风险管理,但是公共关心议题上可能由于技术性质等因素的不同,在公共管理行为中并没有重点强调。主要因为公共关心议题涉及科学知识推广、科学素养提升以及民众意见搜集等几个方面,需要科学传播和科学普及相关部门的配合,只有公众了解某项科学技术时才能提出较为关心的问题,并且也可以防止石墨烯产品问世时公众由于未形成对石墨烯及其产品优势的认知而放弃购买。公众是石墨烯所应用产品的最终用户,其关心问题和需求对于石墨烯及其应用产品的生产具有较高的参考价值,所以政府部门等在制定石墨烯相关创新政策时或可以将科学传播与科学普及纳入其中,让更多的公众参与进来,为石墨烯未来产业化之路提供宝贵的意见。同时政府部门等在组织相关部门制定石墨烯领域技术发展路线和专项扶持技术计划时,在搜集专家意见的同时也可以尝试性地通过一些渠道搜集公众对石墨烯发展关心的问题,进而针对这类问题制定尝试性管理政策和行为措施。此项建议不仅适用于石墨烯领域产业创新,对未来其他前沿领域制定政策或公共管理行为措施时也具有一定的参考性。

表 6.2　部分国内石墨烯专项及相关政策/文件的有效期限或目标年限

政策/文件名称	发布时间	发布机构	有效期限或目标年限
《关于促进无锡石墨烯产业发展的政策意见》	2014年1月9日	无锡市人民政府	2年
《关于加快石墨烯产业创新发展的若干意见》	2015年11月20日	工业和信息化部,发展和改革委员会,科学技术部	到2018年/2020年
《德阳市人民政府关于加快推进德阳市石墨烯产业发展的实施意见》	2016年6月2日	德阳市人民政府	—
《黑龙江省石墨烯产业三年专项行动计划(2016—2018年)》	2016年6月13日	黑龙江省科学技术厅,黑龙江省工业和信息化委员会,黑龙江省人民政府办公厅	
《山西省加快推进新材料产业发展实施方案》	2017年4月10日	山西省人民政府办公厅	—

续表

政策/文件名称	发布时间	发布机构	有效期限或目标年限
《关于印发慈溪市培育发展石墨烯产业攻坚实施方案(2017—2019)的通知》	2017年6月16日	慈溪市推进"中国制造2025"工作领导小组办公室	2年
《关于进一步加快先进碳材料产业创新发展的若干意见》	2017年7月5日	常州市武进区人民政府	3年
《福建省人民政府办公厅关于加快石墨烯产业发展六条措施的通知》	2017年7月20日	福建省人民政府办公厅	3年
《重庆市新材料产业发展实施方案》	2017年10月16日	重庆市经济和信息化委员会,重庆市发展和改革委员会,重庆市财政局,重庆市科学技术委员会	到2020年
《无锡市石墨烯产业发展规划纲要(2013—2020年)》	2013年12月1日	无锡市人民政府	7年
《宁波市石墨烯技术创新和产业发展中长期规划》	2015年5月28日	宁波市科技局,宁波市发展和改革委员会,宁波市经济和信息化委员会	9年
《北京市石墨烯科技创新专项(2016—2025)》	2016年4月1日	北京市科学技术委员会	9年
《攀枝花市石墨烯产业发展规划》	2017年1月1日	攀枝花市石墨烯产业规划编委会	8年

续表

政策/文件名称	发布时间	发布机构	有效期限或目标年限
《四川省石墨烯等先进碳材料产业发展指南(2017—2025)》	2017年3月28日	四川省经济和信息化委员会,四川省发展和改革委员会,四川省科学技术厅	8年
《福建省石墨烯产业发展规划(2017—2025年)》	2017年7月19日	福建省人民政府办公厅	8年

6.3.4 扩展科学研究成果转化方式

处于巴斯德象限中的科学研究既寻求知识边界的扩展又重视成果的实际应用,进而强调其在进一步提高认识和应用上的双重影响。本书盘点的国内石墨烯产业促进和维护同步创新模式的行动措施以及提出的可促进创新不同阶段进入同步创新模式的建议措施,皆较为偏向于以应用为出发点,因为可以节约石墨烯实现产业化的时间,但是既然处于巴斯德象限,同时石墨烯依旧属于前沿领域,尚有许多技术问题寻求突破。因此,科学研究在重视应用的同时还需重视提高科学认识,只强调单方面会有所失衡。石墨烯具有以科学为基础的产业特征,科学研究是其重要的技术来源(Castellacci,2008),产业的持续发展需要长期科学研究予以支持,如果以提高认识为出发点,科学研究可以衍生出更多新的科学研究,进而为产业发展提供更多的技术来源和支持。

本书的研究强调不同创新阶段同步发展,而巴斯德象限中不同出发点的科学研究也需同步发展。当推出新的科研成果时,主体既要重视在应用上的技术转化,也需探索是否具有进一步打开深层认识的价值,而不能只关注一方面而忽视另一方面的潜力。这是未来发展需要注意的内容,但是当前已形成较多以应用为出发点的科学研究成果，如何有效利用这些成果并开启下一步科学研究更为棘手。高校和科研机构因机构定位和考核要求对科研成果在推动深层次认知上相对积极和主动，但是考虑到石墨烯在应用价值方面的巨大潜力，以及当前发展环境对于产学研合作的逐步重视，部分团队也集中投入至技术转化的工作中，这也是前面提及 2017 年前高校和科研机构占据国内申请石墨烯专利数量比例最多的原因之一，所以高校和科研机构中以扩大科学认识的科学研究也可能受到一定程度的削弱，这需引起重视，而另一类担当石墨烯科学研究任务的企业更难施行以提高科学认识为出发点的科学研究。

石墨烯产业重视内部研究，而且国内 80% 以上的企业从事石墨烯研发（截至 2018 年 5 月 17 日数据），因此，不能忽视企业在石墨烯科研队伍中变得逐渐重要。但是企业不同于高校或科研机构，以利益为宗旨的机构性质决定其不愿将过多精力投入到仅为扩大认识而没有利益回报的科学探索中，这也是企业不倾向于以论文形式展现科研成果的原因之一，所以企业的出发点降低从事巴斯德象限中以提高认识为出发点的科学研究意愿，这有可能会造成部分企业内部形成的具有进一步科学探索价值的科学研究成果的浪费，同时企业科研成果通过专利规定其专属权，增加了其他机构希望利用其进行科学研究的难度。

随着国内石墨烯产业中研发型企业数量逐渐增多，科研成果在提高认识的利用程度逐渐降低。传统研究中强调科研成果从高校或科研机构到企业、从科学认识到技术应用的转化，但是图 4.1 揭示了已有技术也可以通过巴斯德象限为提高认识添力，因而以应用为出发点的科学研究也可以经过巴斯德象限转化为以提高认识为出发点的科学研究。图 4.1 并未强调科研成果从企业逆向转化至高校或科研机构，但是企业在国内石墨烯产业中占据着重要科研力量，虽然考虑到技术资本对企业利益的重要性，这种行为实现难度较大(Fabrizio，Minin，2008)，也有学者对于这方面的实现提出自己的思考。

商业化科学便是其中一种解决方案。在商业化科学中，科学成为从事商业化科学机构的产品,任何机构不分性质区别皆可以购买,包括技术、产品等,因此,企业可以购买技术,高校也可以购买技术。商业化科学由Murray提出,基于司托克斯提出的巴斯德象限将知识分成两个用途——科学探索和发明建设,认为二者可以在不同市场中寻求不同机会,而这个机会可以通过科学购买实现(Murray,Graham,2007)。Murray认为科学购买可以提高知识使用效率,让可以被具有使用能力的机构适用。Larsen(2011)也认为可以建立专门的学术型公司,以生产科研成果转售给其他机构盈利,实现科学商业化。这类第三方企业通过售卖研发的科学成果,既满足赚取利益的需求,也可以促进知识转化。如果难以实现售卖,企业也可以通过授权的形式使其他机构在其研究成果上进行深层次科学研究,并且进一步的研究成果也可以提供给原企业使用。Murray和Aghion(2009)曾发现通过研究者授权的形式展开的科学研究对于后续研究是有益的,同时更利于增加科学线索的多样性。其实无论是何种方式,企业追求的是成果应用和市场化,而高校和科研机构进行进一步科学研究追求的是认识的提高,二者对同一成果的使用目的并不同,所以无论是售卖还是授权,从事石墨烯生产的企业需严格规定其他机构对科研成果的使用用途,只能进行科学探索方面的活动,若遇到不测因素或企业出于自身考虑减少后续研究成本,规定涉及技术转化或商业化等研究成果仅提供给原企业使用,或者向对方企业寻求高额赔偿。

  政府作为三螺旋结构(triple helix)中的重要一环,面对需要协调企业和高校之间合作的工作,也是在该结构中重要作用的发挥(Chung,2014),需要做好以下三点工作:第一,可以通过出台一些奖励性或补贴性政策或措施鼓励石墨烯企业内部研发成果提供给高校进行进一步的科学研究;第二,政府可以以第三方的视角对研究成果商业化行为进行监督,进而体现政府在三螺旋结构中的作用(Dosi,1982);第三,政府可以规划成立一些专业从事销售石墨烯科学的第三方企业,自主研发并售于其他机构,虽然高校或科研机构是科学研究成果的聚集地,但是前面提及这类机构由于体制问题在专利向外机构转让方面较难施行,在科学商业化上的难度可想而知,因而政府可以参考 Larsen(2011)提出的建立商业化科学公司的建议,建立专门的第三方石墨烯科学研究成果投入生产的公司,既可以被公司等购买用于技术应用,也可以被高校等购买用于提升认识。

6.4　石墨烯产业推行同步创新模式研究的不足与展望

本书研究的不足之处及未来努力方向如下:

(1) 创新阶段的分类很多,不同分类具有多种象征,本书的研究以数据形式展现不同创新阶段的发展趋势和证明其在一段时间内同处于同步高速增长期,根据前人研究选择了三个可用以测量的发表论文、专利申请和经营企业数量象征科学研究、技术应用和市场化三个阶段,此三个表征物并不完全等同于创新三个阶段,而且不同学者对于不同阶段的象征物具有不同看法,例如 Gerken 等(2015)认为可以利用产品销售量象征市场化阶段,但是考虑到石墨烯产业发展现状以及数据调研难度,并未采用产品销量。因此,本书在前人提供的不同创新阶段象征物基础上,结合国内石墨烯产业发展实际情况选择了较为适合的象征物。

(2) 本书主要采用质性研究方式,即通过现有理论、石墨烯发展历史、石墨烯产业创新公共管理政策和行为措施等总结和分析同步创新模式产生原因,以及所需的技术条件和管理支撑条件,未采用根据理论退出假设方法来验证这些原因和不同条件与同步创新模式之间的正负关系,这可以成为未来研究努力的方向之一。

(3) 本书主要集中于以国内石墨烯产业案例来概括同步创新模式产生的条件,并未与其他前沿领域进行对比;同时本书提出的这些条件只是推断,并未证明在其他前沿领域的适用性,不同前沿领域有具体的发展语境,所以未来可以尝试分析与石墨烯产业特征较为相似的其他前沿领域中这些条件的适用性。

（4）由于本书研究截止日期为 2017 年 12 月 31 日，未能明确得出石墨烯技术应用和市场化阶段高速增长期的结束时期，而且高速增长期是相对而言的，因此，本书所统计高速增长期时间跨度、各阶段高速增长期兴起时间差等相对时间变量只针对本书研究的时间跨度而言。

（5）本书的研究只集中于国内石墨烯领域，除了同步创新模式形成的内部原因和技术条件探讨外不需区分国界，在未来研究中可以融入国际视角，添加别的国家石墨烯产业创新案例，这也成为未来研究努力的方向之一。

附录 A
中国石墨烯相关论文发表、专利申请和企业经营情况

表 A.1　1994—2017 年中国石墨烯相关论文发表、专利申请和企业经营数量

年　份	论文发表数量(篇)	专利申请数量(项)	企业经营数量(家)
1994	1	0	0
1995	0	0	0
1996	2	0	0
1997	8	0	0
1998	9	0	0
1999	11	0	0
2000	7	0	0
2001	10	0	0
2002	13	0	0
2003	18	2	0
2004	16	0	0
2005	14	0	0
2006	23	3	0
2007	53	3	0
2008	160	9	0
2009	360	59	0

续表

年　份	论文发表数量(篇)	专利申请数量(项)	企业经营数量(家)
2010	823	179	1
2011	1897	595	2
2012	3288	1723	18
2013	5114	2827	36
2014	7798	4089	109
2015	10373	6179	302
2016	12448	9433	758
2017	15160	13658	1145

注:数据统计截至2017年12月31日。

附录 B
中国石墨烯相关政策发布情况

表 B.1 2009—2017 年中国石墨烯相关政策发布情况

年 份	级 别			合计(个)
	国家级(个)	省(直辖市、自治区)级(个)	市(区、县)级(个)	
2009	0	1	0	1
2010	0	0	0	0
2011	1	0	0	1
2012	1	2	2	5
2013	1	8	10	19
2014	1	4	18	23
2015	5	20	37	62
2016	23	133	176	332
2017	15	112	253	380

注：数据统计截至 2017 年 12 月 31 日。

附录 C
中国石墨烯专项政策统计

表 C.1　中国石墨烯专项政策统计

序号	级别	专项政策/文件名称	印发时间	印发机构
1	国家级	《关于加快石墨烯产业创新发展的若干意见》	2015年11月9日	工业和信息化部
2		《石墨烯材料的术语定义及代号国家标准(征求意见稿)》	2016年4月	国家标准化管理委员会
3		《关于支持筹建石墨烯改性纤维及应用开发产业发展联盟的函》	2017年8月17日	工业和信息化部
4	省(直辖市、自治区)级	《北京市石墨烯科技创新专项(2016—2025年)》	2016年8月	北京市科学技术委员会
5		《黑龙江省石墨烯产业三年专项行动计划(2016—2018年)》	2016年6月13日	黑龙江省科学技术厅,黑龙江省工业和信息化委员会,黑龙江省人民政府办公厅
6		《福建省人民政府办公厅关于建立石墨烯技术研发和产业发展联席会议制度的通知》	2016年12月8日	福建省人民政府办公厅

续表

序号	级别	专项政策/文件名称	印发时间	印发机构
7	省（直辖市、自治区）级	《福建省发展和改革委员会关于做好石墨烯技术研发和产业发展储备项目申报的通知》	2017年2月21日	福建省发展和改革委员会
8		《四川省石墨烯等先进碳材料产业发展指南（2017—2025）》	2017年3月28日	四川省经济和信息化委员会，四川省发展和改革委员会，四川省科学技术厅
9		《湖南工业新兴优势产业链行动计划》	2017年6月30日	湖南制造强省领导小组办公室
10		《福建省石墨烯产业发展规划（2017—2025年）》	2017年7月19日	福建省人民政府办公厅
11		《福建省人民政府办公厅关于加快石墨烯产业发展的六条措施的通知》	2017年7月20日	福建省人民政府办公厅
12	市（区、县）级	《宁波市重大科技专项——石墨烯产业化应用开发实施方案》	2013年9月11日	宁波市科学技术局，宁波市发展和改革委员会，宁波市经济和信息化委员会，宁波市财政局
13		《关于下达宁波市2013年石墨烯产业化应用开发专项经费计划的通知》	2013年12月9日	宁波市科学技术局，宁波市发展和改革委员会，宁波市经济和信息化委员会，宁波市财政局

续表

序号	级别	专项政策/文件名称	印发时间	印发机构
14	市(区、县)级	《无锡市石墨烯产业发展规划纲要(2013—2020年)》	2013年12月18日	无锡市人民政府
15		《关于促进无锡石墨烯产业发展的政策意见》	2014年1月17日	无锡市人民政府
16		《宁波市石墨烯技术创新与产业中长期发展规划(2014—2023)》	2014年5月28日	宁波市科学技术局,宁波市发展和改革委员会,宁波市经济和信息化委员会
17		《关于下达宁波市2014年石墨烯产业化应用开发专项经费计划的通知》	2014年9月18日	宁波市科学技术局,宁波市发展和改革委员会,宁波市经济和信息化委员会,宁波市财政局
18		《关于下达宁波市2015年石墨烯产业化应用开发专项经费计划的通知》	2015年6月26日	宁波市科学技术局,宁波市发展和改革委员会,宁波市经济和信息化委员会,宁波市财政局
19		《德阳市人民政府关于加快推进德阳市石墨烯产业发展的实施意见》	2016年6月2日	德阳市人民政府

续表

序号	级别	专项政策/文件名称	印发时间	印发机构
20	市(区、县)级	《关于下达宁波市2016年石墨烯产业化应用开发专项经费计划的通知》	2016年6月6日	宁波市科学技术局,宁波市发展和改革委员会,宁波市经济和信息化委员会,宁波市财政局
21		《鸡西市石墨烯三年行动计划》	2016年7月	鸡西市科学技术局
22		《常州石墨烯产业"双创"方案(2016—2020年)》	2016年10月12日	常州市西太湖科技产业园
23		《关于认定唐山市石墨烯等四家产业技术创新战略联盟的通知》	2016年11月16日	河北省科学技术厅
24		《攀枝花市石墨烯产业发展规划》	2017年1月	攀枝花市人民政府
25		《漳州市人民政府办公室关于建立石墨烯技术研发和产业发展联席会议制度的通知》	2017年1月13日	漳州市人民政府办公室
26		《宁波市石墨烯产业三年攻坚行动计划(2017—2019年)》	2017年3月9日	宁波市人民政府办公厅
27		《常州市关于加快石墨烯产业创新发展的实施意见》	2017年4月	常州市委,常州市人民政府
28		《慈溪市培育发展石墨烯产业攻坚实施方案(2017—2019)》	2017年6月16日	宁波市慈溪市推进"中国制造2025"工作领导小组办公室

续表

序号	级别	专项政策/文件名称	印发时间	印发机构
29	市(区、县)级	《武进区政府发布关于进一步加强加快先进碳材料产业创新发展的若干意见》	2017年7月5日	常州市武进区人民政府
30		《关于组织实施深圳市2017年第一批石墨烯、微纳米材料与器件领域产业化中试环节扶持专项通知》	2017年9月18日	深圳市发展和改革委员会
31		《柳州市石墨烯产业化发展规划》	2017年12月	柳州市工业和信息化委员会

注：数据统计截至2017年12月31日。

参考文献

REFERENCE

一、中文文献

白彬,张再生,2016.基于政策工具视角的以创业拉动就业政策分析:基于政策文本的内容分析和定量分析[J].科学学与科学技术管理,37(12):92-100.

陈健,高太山,柳卸林,等,2016.创新生态系统:概念、理论基础与治理[J].科技进步与对策,33(17):153-160.

陈劲,阳银娟,2012.协同创新的理论基础与内涵[J].科学学研究,30(2):161-164.

陈岩,熊筱伟,2016.川观专访"石墨烯之父"、诺奖得主安德烈·海姆:犯错总比无聊好[EB/OL].(2016-10-17)[2018-12-15].http://m.sohu.com/a/116367407_207224.

陈振明,2003.政策科学导论[M].2版.北京:中国人民大学出版社:50.

陈振明,薛澜,2007.中国公共管理理论研究的重点领域和主题[J].中国社会科学(3):140-152,206.

多尔蒂,苏筠,郑英建,2012.质化研究及其数据分析[M]//陈晓萍,徐淑英,樊景立.组织与管理研究的实证方法.2版.北京:北京大学出版社:273-296.

范桂锋,朱宏伟,2010.石墨烯,打开二维材料之门:评2010年诺贝尔物理学奖[J].现代物理知识,22(6):25-28.

冯根尧,冯千驹,2018."一带一路"沿线国家文化创新力的国际比较研究与启示[J].国际商务研究,39(3):51-62.

高锡荣,柯俊,2016.中国创新文化之现状调查与问题剖析[J].中国科技论坛(7):10-15,22.

高云,杨晓丽,2017.中国石墨烯技术与产业发展概况[M].北京:科学技术文献出版社:28-55.

顾建光,吴明华,2007.公共政策工具论视角述论[J].科学学研究,25(1):47-51.

侯锐,2016.打造石墨烯产业的国际化平台:访上海市宝山区科学技术委员会副主任孟岩[J].高科技与产业化(1):68-72.

胡晓娣,胡君辰,2009.基于生命周期的企业集群技术创新过程模式研究[J].科学管理研究,27(2):17-20.

黄晓卫,2011.基于知识创新视角的软件产业园区演化发展动力研究[J].科技与经济,24(4):53-57.

贾路南,2017.公共政策工具研究的三种传统[J].国外理论动态(4):60-68.

经济合作与发展组织,2010.弗拉斯蒂卡手册[M].6版.张玉勤,译.北京:科学技术文献出版社:32-33.

李昂,2016.基于成熟度模糊评价的国家创新生态理论与实证研究[D].合肥:中国科学技术大学.

李靖华,哈立德,朱岩梅,等,2013.城市创新文化建设的国际比较分析[J].技术经济,32(9):34-38.

李培囿,1957.杜威工具主义认识论批判[J].厦门大学学报(哲学社会科学版)(1):181-195.

李运清,史浩飞,2017.石墨烯透明导电膜研究与产业化进展[J].电子元件与材料,36(9):64-67.

林苞,雷家骕,2013.基于科学的创新模式与动态:对青霉素和晶体管案例的重新分析[J].科学学研究,31(10):1459-1464.

刘璇,李嘉,陈智高,等,2015.科研创新网络中知识扩散演化机制研究[J].科研管理,36(7):19-27.

刘云,黄雨歆,叶选挺,2017.基于政策工具视角的中国国家创新体系国际化政策量化分析[J].科研管理,38(S1):478-486.

卢阳旭,赵延东,2019.宽容文化与科技创新:一项基于国际比较的实证分析[J].中国软科学(3):61-68.

吕志奎,2006.公共政策工具的选择:政策执行研究的新视角[J].太平洋学报(5):7-16.

齐延信,吴祈宗,2006.突破性技术创新网络组织及组织能力研究[J].中国软科学(7):147-150.

任福君,刘萱,马健铨,2021.面向2035创新文化建设的进一步思考[J].科技导报,39(21):87-94.

司托克斯,1999.基础科学与技术创新:巴斯德象限[M].周春彦,谷春立,译.北京:科学出版社.

苏竣,2014.公共科技政策导论[M].北京:科学出版社.

田学斌,柳天恩,武星,2017.雄安新区构建创新生态系统的思考[J].行政管理改革(7):17-22.

王国华,刘兆平,周旭峰,等,2018.2018石墨烯技术专利分析报告[R].宁波:中国科学院宁波材料技术与工程研究所,浙江省石墨烯制造业创新中心,中国石墨烯产业技术创新联盟,中国科学院石墨烯工程研究室,浙江省石墨烯应用研究重点实验室,宁波市科技信息研究院:79-80.

王建平,曹洋,李倩,等,2010.我国"十二五"软件服务业发展的战略分析[J].中国软科学(12):6-15.

王静,王海龙,丁堃,等,2018.新能源汽车产业政策工具与产业创新需求要素关联分析[J].科学学与科学技术管理,39(5):30-40.

王璐瑶,曲冠楠,罗杰斯,2022.面向"卡脖子"问题的知识创新生态系统分析:核心挑战、理论构建与现实路径[J].科研管理,43(4):94-102.

王勇,2010.战略性新兴产业简述[M].北京:世界图书出版公司:1-5.

王勇,王蒲生,2014.新型科研机构模型兼与巴斯德象限比较[J].科学管理研究,32(6):29-32.

魏江,王江龙,2004.平行过程主导的产业集群创新过程模式研究:以瑞安汽摩配产业集群为例[J].研究与发展管理,16(6):29-34.

温珂,苏宏宇,斯特恩,2016.走进巴斯德象限:中国科学院的论文发表与专利申请[J].中国软科学(11):32-43.

吴贵生,谢䢖,1996.用户创新概念及其运行机制[J].科研管理(5):14-19.

休斯,2007.公共管理导论[M].3版.张成福,王学栋,韩兆柱,等译.北京:中国人民大学出版社:133-136.

徐媛媛,严强,2011.公共政策工具的类型、功能、选择与组合:以我国城市房屋拆迁政策为例[J].南京社会科学(12):73-79.

颜晓峰,2001.五代创新模式及其认识论分析[J].国际技术经济研究,4(3):25-30.

杨忠泰,白菊玲,2020.基于建设世界科技强国的我国建国70年创新文化演进脉络和战略进路[J].科技管理研究,40(9):244-250.

叶芬斌,许为民,2012.技术生态位与技术范式变迁[J].科学学研究,30(3):321-327.

叶育登,方立明,奚从清,2009.试论创新文化及其主导范式[J].浙江大学学报(人文社会科学版),39(3):87-93.

尹建华,王兆华,苏敬勤,等,2001.科技型中小企业的协同管理研究[J].中国软科学(7):97-99.

余新创,2017.石墨烯产业发展现状及对策[M]//尹丽波.战略性新兴产业发展报告(2016—2017).北京:社会科学文献出版社:180-195.

张辉,马宗国,2020.国家自主创新示范区创新生态系统升级路径研究:基于研究联合体视角[J].宏观经济研究(6):89-101.

张妮,赵晓冬,2022.区域创新生态系统可持续运行建设路径研究[J].科技进步与对策,39(6):51-61.

张守华,2017.基于巴斯德象限的我国科研机构技术创新模式研究[J].科技进步与对策(20):15-19.

张学文,2014.知识功能视角下的产学研协同创新路径:来自美国的实证测量[J].科学学与科学技术管理,35(5):100-109.

赵军,杨阳,2021.创新文化的缘起、实践与演进:以中国科学院为例[J].中国科学院院刊,36(2):208-215.

郑伯埙,黄敏萍,2012.实地研究中的案例研究[M]//陈晓萍,徐淑英,樊景立.组织与管理研究的实证方法.2版.北京:北京大学出版社:236-271.

中国石墨烯产业技术创新战略联盟,2015.2015全球石墨烯产业研究报告[R].北京:中国石墨烯产业技术创新战略联盟.

中国石墨烯产业技术创新战略联盟,2017.2017全球石墨烯产业研究报告[R].北京:中国石墨烯产业技术创新战略联盟.

周长辉,2012.二手数据在管理研究中的使用[M]//陈晓萍,徐淑英,樊景立.组织与管理研究的实证方法.2版.北京:北京大学出版社:211-235.

周阳敏,桑乾坤,2020.国家自创区产业集群协同高质量创新模式与路径研究[J].科技进步与对策,37(2):59-65.

二、外文文献

Abernathy W J, Utterback J M, 1978. Patterns of industrial innovation[J]. Technology Review,80(7):40-47.

Acs Z J,Anselin L,Varga A,et al. ,2002. Patents and innovation counts as measures of regional production of new knowledge[J]. Research Policy, 31（7）: 1069-1085.

Adner R,2006. Match your innovation strategy to your innovation ecosystem[J]. Harvard Business Review,84(4):98-107.

Adner R,2010. When are technologies disruptive? A demand-based view of the emergence of competition[J]. Strategic Management Journal,23(8):667-688.

Ahn M J,Zwikael O,Bednarek R,2010. Technological invention to product innovation: a project management approach[J]. International Journal of Project Management,28(6):559-568.

Aldridge T,Audretsch D B,2010. Does policy influence the commercialization route? Evidence from National Institutes of Health funded scientists[J]. Research Policy,39(5):583-588.

Anderson P,Tushman M L,1991. Managing through cycles of technological change [J]. Research-Technology Management,34(3):26-31.

Archibugi D,2001. Pavitt's taxonomy sixteen years on: a review article[J]. Economics of Innovation and New Technology,10(5):415-425.

Arora A,Cohen W M,Walsh J P,2016. The acquisition and commercialization of invention in American manufacturing: incidence and impact[J]. Research Policy,45(6):1113-1128.

Arvanitis S,Kubli U,Woerter M,2008. University-industry knowledge and technology transfer in Switzerland: what university scientists think about cooperation with private enterprises[J]. Research Policy,37(10):1865-1883.

Atkinson P, Coffey A, 2011. Analysing documentary realities[M]//Qualitative research: theory,method and practice. London:Sage:45-62.

Audretsch D, Caiazza R, 2016. Technology transfer and entrepreneurship: cross-national analysis[J]. Journal of Technology Transfer, 41(6): 1247-1259.

Baark E, 2001. The making of science and technology policy in China[J]. International Journal of Technology Management(21): 1-21.

Baglieri D, Cesaroni F, Orsi L, 2014. Does the nano-patent "Gold rush" lead to entrepreneurial-driven growth? Some policy lessons from China and Japan[J]. Technovation, 34(12): 746-761.

Baldwin C, Hienerth C, Hippel E, 2006. How user innovations become commercial products: a theoretical investigation and case study[J]. Research Policy, 35(9): 1291-1313.

Blind K, Petersen S S, Riillo C A F, 2017. The impact of standards and regulation on innovation in uncertain markets[J]. Research Policy, 46(1): 249-264.

Bogers M, Hadar R, Bilberg A, 2016. Additive manufacturing for consumer-centric business models: implications for supply chains in consumer goods manufacturing[J]. Technological Forecasting & Social Change(102): 225-239.

Bogliacino F, Pianta M, 2016. The Pavitt Taxonomy, revisited: patterns of innovation in manufacturing and services[J]. Economia Politica, 33(2): 153-180.

Bowen G A, 2009. Document analysis as a qualitative research method[J]. Qualitative Research Journal, 9(2): 27-40.

Bozeman B, 2000. Technology transfer and public policy: a review of research and theory[J]. Research Policy, 29(4): 627-655.

Bozeman B, Hirsch P, 2005. Science ethics as a bureaucratic problem: IRBs, rules, and failures of control[J]. Policy Sciences, 38(4): 269-291.

Brown W B, Karagozoglu N, 1993. Leading the way to faster new product development[J]. Journal of Neuroendocrinology, 7(1): 36-47.

Cao Y,Zhou S,Wang G,2013. A bibliometric analysis of global laparoscopy research trends during 1997—2011[J]. Scientometrics,96(3):717-730.

Carayannis E G,Campbell D,2009. "Mode 3" and "Quadruple Helix":toward a 21st century fractal innovation ecosystem[J]. Technology Management,46(3-4):201-234.

Castellacci F,2008. Technological paradigms,regimes and trajectories:manufacturing and service industries in a new taxonomy of sectoral patterns of innovation[J]. Research Policy(37):978-994.

Castellacci F,2009. The interactions between national systems and sectoral patterns of innovation[J]. Journal of Evolutionary Economics,19(3):321-347.

Castellacci F,2010. Structural change and the growth of industrial sectors:empirical test of a GPT model[J]. Review of Income and Wealth,56(3):449-482.

Chai S,Shih W,2016. Bridging science and technology through academic-industry partnerships[J]. Research Policy(45):148-158.

Chandy R,Hopstaken B,Narasimhan O,et al.,2006. From invention to innovation: conversion ability in product development[J]. Journal of Marketing Research,43(3):494-508.

Choung J Y,Hameed T,Ji I,2011. Role of formal standards in transition to the technology frontier:Korean ICT systems[J]. Telecommunications Policy,35(3):269-287.

Christian K,Sofka W,Grimpe C,2012. Selective search,sectoral patterns,and the impact on product innovation performance[J]. Research Policy,41(8):1344-1356.

Chung C J,2014. An analysis of the status of the triple helix and university-industry-government relationships in Asia[J]. Scientometrics,99(1):139-149.

Cimoli M,Dosi G,1995. Technological paradigms,patterns of learning and development: an introductory roadmap[J]. Journal of Evolutionary Economics, 5(3): 243-268.

Clarysse B, Moray N, 2004. A process study of entrepreneurial team formation: the case of a research-based spin-off[J]. Journal of Business Venturing, 19(1): 55-79.

Cohen B, Amorós J E, 2014. Municipal demand-side policy tools and the strategic management of technology life cycles[J]. Technovation, 34(12): 797-806.

Cortright J, Mayer H, 2001. High tech specialization: a comparison of high technology centers[R]. Washington DC: The Brookings Institution: 1-13.

Daim T U, Rueda G, Martin H, et al., 2006. Forecasting emerging technologies: use of bibliometrics and patent analysis[J]. Technological Forecasting & Social Change, 73(8): 981-1012.

Dan P, 2016. Dynamics of China's provincial-level specialization in strategic emerging industries[J]. Research Policy, 45(8): 1586-1603.

Danneels E, 2010. Disruptive technology reconsidered: a critique and research agenda [J]. Journal of Product Innovation Management, 21(4): 246-258.

Dosi G, 1982. Technological paradigms and technological trajectories: a suggested interpretation of the determinants and directions of technical change[J]. Research Policy, 11(3): 147-162.

Edler J, Georghiou L, 2007. Public procurement and innovation: resurrecting the demand-side[J]. Research Policy(36): 949-963.

Edquist C, Hommen L, 1999. Systems of innovation: theory and policy for the demand side[J]. Technology in Society, 21(1): 63-79.

Edquist C, Zabala-Iturriagagoitia J M, 2012. Public procurement for innovation as mission-oriented innovation policy[J]. Research Policy, 41(10): 1757-1769.

Ende J V D, Dolfsma W, 2005. Technology-push, demand-pull and the shaping of technological paradigms-patterns in the development of computing technology [J]. Journal of Evolutionary Economics, 15(1): 83-99.

Etzkowitz H D, Leydesdorff L A, 2000. The dynamics of innovation: from national systems and "Mode" 2 to a triple helix of university-industry-government relations[J]. Research Policy, 29(2): 109-123.

Fabrizio K R, Minin A D, 2008. Commercializing the laboratory: faculty patenting and the open science environment[J]. Social Science Electronic Publishing, 37(5): 914-931.

Filippini L, Vergari C, 2017. Vertical integration smooths innovation diffusion[J]. Journal of Economic Analysis & Policy, 17(3): 333-342.

Freeman C, 1991. Network of innovators: a synthesis of research issues[J]. Research Policy, 20(5): 499-514.

Furman J L, Porter M E, Stern S, 2000. The determinants of national innovative capacity[J]. Research Policy, 31(6): 899-933.

Gardner P L, Fong A Y, Huang R L, 2010. Measuring the impact of knowledge transfer from public research organisations: a comparison of metrics used around the world[J]. International Journal of Learning & Intellectual Capital, 7(3/4): 318-327.

Gautret M, Messori S, Jestin A, et al., 2017. Development of a semi-automatic bibliometric system for publications on animal health and welfare: a methodological study[J]. Scientometrics, 113(1): 1-21.

Geim A K, 2011. Random walk to graphene (nobel lecture)[J]. Angewandte Chemie International Edition, 50(31): 6966-6985.

Geim A K, 2012. Graphene prehistory[J]. Physica Scripta, T146(014003): 1-4.

Geim A K, Novoselov K S, 2007. The rise of graphene[J]. Nature Materials, 6(3):

183-191.

Gerken J M, Moehrle M G, Walter L, 2015. One year ahead! Investigating the time lag between patent publication and market launch: insights from a longitudinal study in the automotive industry[J]. R & D Management, 45(3): 287-303.

Gharib H, Jennifer T, 2007. The adoption of ISO 9000 standards within the egyptian context: a diffusion of innovation approach[J]. Total Quality Management & Business Excellence, 18(6): 631-652.

Gilbert J T, 1995. Profiting from innovation: inventors and adopters[J]. Industrial Management, 37(4): 28.

Gomes L, Facin A, Salerno M, et al., 2018. Unpacking the innovation ecosystem construct: evolution, gaps and trends[J]. Technological Forecasting and Social Change, 136: 30-48.

Gopalakrishnan S, Santoro M D, 2004. Distinguishing between knowledge transfer and technology transfer activities: the role of key organizational factors[J]. IEEE Transactions on Engineering Management, 51(1): 57-69.

Gort M, Klepper S, 1982. Time paths in the diffusion of product innovations[J]. Economic Journal, 92(367): 630-653.

Granstrand O, 2010. The economics and management of intellectual property: towards intellectual capitalism[M]. Cheltenham: Edward Elgar: 23-28.

Guerzoni M, Raiteri E, 2015. Demand-side vs. supply-side technology policies: hidden treatment and new empirical evidence on the policy mix[J]. Research Policy, 44(3): 726-747.

Hamel G, 2006. The why, what, and how of management innovation[J]. Harvard Business Review, 84(2): 72.

Handfield R B, 1994. Effects of concurrent engineering on make-to-order products[J]. IEEE Transactions on Engineering Management, 41(4): 384-393.

Hartmann M R K, Hartmann R K, 2017. Informal innovation: a hidden source of innovation in work and organizations[J]. MIT Sloan Research Paper 5150-15.

Helmers C, Rogers M, 2011. Does patenting help high-tech start-ups? [J]. Research Policy, 40(7): 1016-1027.

Henkel J, Hippel E V, 2004. Welfare implications of user innovation[J]. Journal of Technology Transfer, 30(1-2): 73-87.

Hienerth C, Hippel E V, Jensen M B, 2014. User community vs. producer innovation development efficiency: a first empirical study[J]. Research Policy, 43(1): 190-201.

Hill C W L, Rothaermel F T, 2003. The performance of incumbent firms in the face of radical technological innovation[J]. Academy of Management Review, 28(2): 257-274.

Hippel E V, 1975. The dominant role of users in the scientific instrument innovation process[J]. Research Policy, 5(3): 212-239.

Hippel E V, Flowers S, 2012. Comparing business and household sector innovation in consumer products: findings from a representative study in the United Kingdom [J]. Management Science, 58(9): 1669-1681.

Hippel E V, Ogawa S, de Jong J P J, 2013. The age of the consumer-innovator[J]. MIT Sloan Management Review, 53(1): 27-35.

Hoelzl W, Jürgen J, 2014. Distance to the frontier and the perception of innovation barriers across European countries[J]. Research Policy, 43(4): 707-725.

Hong W, Su Y S, 2013. The effect of institutional proximity in non-local university-industry collaborations: an analysis based on Chinese patent data[J]. Research Policy, 42(2): 454-464.

Howlett M, 1991. Policy instruments, policy styles, and policy implementation: national approaches to theories of instrument choice[J]. Policy Studies Journal,

19(2):1-21.

Howlett M, Ramesh M, 1993. Patterns of policy instrument choice: policy styles, policy learning and the privatization experience[J]. Review of Policy Research, 12(1-2):3-24.

Hullova D, Trott P, Simms C D, 2016. Uncovering the reciprocal complementarity between product and process innovation[J]. Research Policy, 45(5):929-940.

Hyysalo S, Usenyuk S, 2015. The user dominated technology era: dynamics of dispersed peer-innovation[J]. Research Policy, 44(3):560-576.

Jun S P, 2012. An empirical study of users' hype cycle based on search traffic: the case study on hybrid cars[J]. Scientometrics, 91(1):81-99.

Kalantaridis C, 2017. Is university ownership a sub-optimal property rights regime for commercialisation? Information conditions and entrepreneurship in Greater Manchester, England[J]. Journal of Technology Transfer, 44(3):1-19.

Kasahara H, Honda H, Narita S, 1990. Parallel processing of near fine grain tasks using static scheduling on OSCAR[C]. Supercomputing' 90 Proceedings of IEEE:856-864.

Kessler E H, Chakrabarti A K, 1999. Concurrent development and product innovations[M]//The dynamics of innovation. Berlin Heidelberg: Springer:277-299.

Kim D J, Kogut B, 1996. Technological platforms and diversification[J]. Organization Science, 7(3):283-301.

Kim Y, 2015. Consumer user innovation in Korea: an international comparison and policy implications[J]. Asian Journal of Technology Innovation, 23(1):69-86.

Klepper S, 1996. Entry, exit, growth, and innovation over the product life cycle[J]. American Economic Review, 86(3):562-583.

Kline S J, Rosenberg N, 1986. An overview of innovation[M]//The positive sum strategy:harnessing technology for economic growth. Washington DC:National Academy Press:275-305.

Kollmer H, Dowling M, 2004. Licensing as a commercialisation strategy for new technology-based firms[J]. Research Policy,33(8):1141-1151.

Kuhlmann S, Rip A, 2018. Next-generation innovation policy and grand challenges [J]. Science and Public Policy(4):448-454.

Kuhlmann S, Stegmaier P, Konrad K, 2019. The tentative governance of emerging science and technology: a conceptual introduction[J]. Research Policy,48(5): 1091-1097.

Lahiri N, Narayanan S, 2013. Vertical integration, innovation, and alliance portfolio size: implications for firm performance[J]. Strategic Management Journal, 34 (9):1042-1064.

Lancker J V, Mondelaers K, Wauters E, et al. , 2016. The organizational innovation system:a systemic framework for radical innovation at the organizational level [J]. Technovation,40-50:52-53.

Landini F, Malerba F, 2017. Public policy and catching up by developing countries in global industries:a simulation model[J]. Cambridge Journal of Economics, 41 (3):927-960.

Larsen M T, 2011. The implications of academic enterprise for public science: an overview of the empirical evidence[J]. Research Policy,40(1):6-19.

Lee K, Lim C, 1999. Technological regimes, catching-up and leapfrogging: findings from the Korean industries[J]. Research Policy,30(3):459-483.

Leonard S N, Fitzgerald R N, Bacon M, 2016. Fold-back: using emerging technologies to move from quality assurance to quality enhancement [J]. Australasian Journal of Educational Technology,32(2):15-31.

Li X, Zhou Y, Xue L, et al. , 2015. Integrating bibliometrics and roadmapping methods: a case of dye-sensitized solar cell technology-based industry in China [J]. Technological Forecasting & Social Change, 97: 205-222.

Lichtenthaler U, 2016. Determinants of absorptive capacity: the value of technology and market orientation for external knowledge acquisition [J]. Journal of Business & Industrial Marketing, 31(5): 600-610.

Lin C C, Yang C H, Shyua J Z, 2013. A comparison of innovation policy in the smart grid industry across the pacific: China and the USA [J]. Energy Policy, 57: 119-132.

Linder S H, Peters B G, 1989. Instruments of government: perceptions and contexts [J]. Journal of Public Policy, 9(1): 35.

Ling C, Naughton B, 2016. A dynamic China model: the co-evolution of economics and politics in China [J]. Journal of Contemporary China, 26(103): 1-17.

Liu F C, Simon D F, Sun Y T, et al., 2011. China's innovation policies: evolution, institutional structure, and trajectory [J]. Research Policy, 40(7): 917-931.

Lundvall B, Borras S, 1999. The globalizing learning economy: implications for innovation policy [R]. Luxembourg: Office for Official Publications of the European Communities: 14-17.

Madhuri Sharon, Maheshwar Sharon, 2015. Graphene: an introduction to the fundamentals and industrial applications [M]. New Jersey: Wiley Scrivener: 217-255.

Manley K, 2008. Against the odds: small firms successfully introducing new technology on construction projects [J]. Research Policy, 37(10): 1751-1764.

Marinova D, Phillimore J, 2003. Models of innovation [M]// The international handbook on innovation. Oxford: Elsevier Science Ltd.: 44-53.

Markard J, Raven R, Truffer B, 2012. Sustainability transitions: an emerging field of research and its prospects [J]. Research Policy, 41(6): 955-967.

Martínez-Román J A, Romero I, 2017. Determinants of innovativeness in SMEs: disentangling core innovation and technology adoption capabilities[J]. Review of Managerial Science,11(543):1-27.

Martino J P,2003. A review of selected recent advances in technological forecasting [J]. Technological Forecasting & Social Change,70(8):719-733.

Marzi G,Dabic M,Daim T,et al. ,2017. Product and process innovation in manufacturing firms: a 30-year bibliometric analysis [J]. Scientometrics, 113 (2): 673-704.

Mazzoleni R,Nelson R R,2007. Public research institutions and economic catch-up [J]. Research Policy,36(10):1512-1528.

McWilliams A,2013. Graphene: technologies, applications and markets[R]. Wellesley:BCC Research:24.

Meyer P S,Yung J W,Ausubel J H,1999. A primer on logistic growth and substitution: the mathematics of the Loglet Lab software[J]. Technological Forecasting & Social Change,61(3):247-271.

Meyer-Krahmer F,Schmoch U,1998. Science-based technologies: university-industry interactions in four fields[J]. Research Policy,27(8):835-851.

Moed H F, Bruin R E D, Leeuwen T N V, 1995. New bibliometric tools for the assessment of national research performance: database description, overview of indicators and first applications[J]. Scientometrics,33(3):381-422.

Moore J F,1993. Predators and prey: a new rconomic of competition[J]. Harvard Business Review,71(3):75-86.

Morozov S V, Novoselov K S, Katsnelson M I, et al. ,2008. Giant intrinsic carrier mobilities in graphene and its bilayer [J]. Physical Review Letters, 100 (1):016602.

Murray F,Aghion P,Dewatripont M,et al.,2009. Of mice and academics:examining the effect of openness on innovation[J/OL]. Nber Working Papers,No. w14819 [2023-03-12]. http://nrs.harvard.edu/urn-3:HUL.InstRepos:4554220.

Murray F,Graham L,2007. Buying science and selling science:gender differences in the market for commercial science[J]. Industrial and Corporate Change,16 (4),657-689.

Nair R R,Blake P,Grigorenko A N,et al.,2008. Fine structure constant defines visual transparency of graphene[J]. Science,320(5881):1308.

Nambisan S,Baron R A,2013. Entrepreneurship in innovation ecosystems: entrepreneurs' self regulatory processes and their implications for new venture success[J]. Entrepreneurship Theory and Practice,37(5):1071-1097.

Narayanan V K,Chen T,2012. Research on technology standards:accomplishment and challenges[J]. Research Policy,41(8):1375-1406.

Norton M J,2001. Introductory concepts in information science[M]//Introductory concepts in information science. New Jersey:ASIS:764-766.

Novoselov K S,Geim A K,Morozov S V,et al.,2004. Electric field effect in atomically thin carbon films[J]. Science,306(5696):666-669.

Novoselov K S,Geim A K,Morozov S V,et al.,2005. Two-dimensional gas of massless Dirac fermions in graphene[J]. Nature,438(7065):197-200.

Novoselov K S,Jiang Z,Zhang Y,et al.,2007. Room-temperature quantum hall effect in graphene[J]. Science,315(5817):1379.

Novoselov K S,Morozov S V,Mohinddin T M G,et al.,2007. Electronic properties of graphene[J]. Physica Status Solidi(b),244(11):4106-4111.

Odagiri H,2003. Transaction costs and capabilities as determinants of the R&D boundaries of the firm:a case study of the ten largest pharmaceutical firms in Japan[J]. Managerial & Decision Economics,24(2/3):187-211.

O'Gorman C, Byrne O, Pandya D, 2008. How scientists commercialise new knowledge via entrepreneurship[J]. Journal of Technology Transfer, 33(1): 23-43.

O'Mahony M, Vecchi M, 2009. R&D, knowledge spillovers and company productivity performance[J]. Research Policy, 38(1): 35-44.

Padilla-Pérez P R, Gaudin Y, 2014. Science, technology and innovation policies in small and developing economies: the case of Central America[J]. Research Policy, 43(4): 749-759.

Paolo A, Olivier G, 2018. Firm technological responses to regulatory changes: a longitudinal study in the Le Mans Prototype racing[J]. Research Policy(6): 1-81.

Pavitt K, 1984. Sectoral patterns of technical change: towards a taxonomy and a theory[J]. Research Policy, 13(6): 343-373.

PCAST, 2004. Sustaining the nation's innovation ecosystem: information technology manufacturing and competitiveness[R]. Washington DC: President's Council of Advisors on Science and Technology: 14-28.

Peneder M, 2010. Technological regimes and the variety of innovation behaviour: creating integrated taxonomies of firms and sectors[J]. Research Policy, 39(3): 323-334.

Peplow M, 2016. Graphene-spiked silly putty picks up human pulse[EB/OL]. (2016-12-08) [2019-05-06]. https://www.nature.com/news/graphene-spiked-silly-putty-picks-up-human-pulse-1.21133?WT.mc_id=GOP_NA_1612_FH-NEWSSILLYPUTTY_PORTFOLIO.

Perez C, 2010. Technological revolutions and techno-economic paradigms [J]. Cambridge Journal of Economics, 34(1): 185-202.

Perkmann M, Tartari V, Mckelvey M, et al., 2013. Academic engagement and commercialisation: a review of the literature on university-industry relations [J]. Social Science Electronic Publishing, 42(2): 423-442.

Phaal R, O'Sullivan E, Farrukh C, et al., 2011. A framework for mapping industrial emergence[J]. Technological Forecasting & Social Change, 78(2):217-230.

Popp D, 2017. From science to technology: the value of knowledge from different energy research institutions[J]. Research Policy, 46(9):1580-1594.

Pratten S, Deakin S, 2000. Competitiveness policy and economic organization: the case of the British film industry[J]. Screen, 41(2):217-237.

Revilla A J, Fernández Z, 2012. The relation between firm size and R&D productivity in different technological regimes[J]. Technovation, 32(11):609-623.

Rinne M, 2004. Technology roadmaps: infrastructure for innovation[J]. Technological Forecasting and Social Change, 71(1-2):67-80.

Roberts E B, 1988. What we've learned: managing invention and innovation[J]. Research Technology Management, 31(1):11-29.

Rothwell R, 1985. Reindustrialization and technology: towards a national policy framework[J]. Science and Public Policy, 12(3):113-130.

Rothwell R, 1994. Towards the fifth: generation innovation process[J]. International Marketing Review, 11(1):7-31.

Rothwell R, Zegveld W, 1985. Reindusdalization and technology[M]. London: Logman Group Limited:83-104.

Saastamoinen J, Reijonen H, Tammi T, 2018. Should SMEs pursue public procurement to improve innovative performance?[J]. Technovation, 69:2-14.

Salerno M S, Silva D O D, Bagno R B, 2015. Innovation processes: which process for which project?[J]. Technovation, 35(35):59-70.

Schmoch U, 2007. Double-boom cycles and the comeback of science-push and market-pull[J]. Research Policy, 36(7):1000-1015.

Shapira P, Youtie J, Arora S, 2012. Early patterns of commercial activity in graphene

[J]. Journal of Nanoparticle Research,14(4):811.

Shichijo N,Sedita S R,Baba Y,2015. How does the entrepreneurial orientation of scientists affect their scientific performance? Evidence from the quadrant model [J]. Technology Analysis & Strategic Management,27(9):999-1013.

Song J,2016. Innovation ecosystem:impact of interactive patterns,member location and member heterogeneity on cooperative innovation performance[J]. Innovation:Organization & Management,18(1):1-17.

Spencer J W,2003. Firms' knowledge-sharing strategies in the global innovation system:empirical evidence from the flat panel display industry[J]. Strategic Management Journal,24(3):217-233.

Stankovich S,Dikin D A,Dommett G H B,et al.,2006. Graphene-based composite materials[J]. Nature,442(2):282.

Stevens G,1999. Creativity + business discipline = higher profits faster from new product development[J]. Journal of Product Innovation Management,16(5):455-468.

Stock R M,Schulz C,2015. Understanding consumers' predispositions toward new technological products:taxonomy and implications for adoption behaviour[J]. International Journal of Innovation Management,19(5):1550056.

Svensson P O,Hartmann R K,2018. Policies to promote user innovation:the case of makerspaces and clinician innovation[J]. Research Policy,47(1):277-288.

Takeuchi H,Nonaka I,1986. The new new product development game[J]. Harvard Business Review,64(1):205-206.

Tenold S,2009. Vernon's product life cycle and maritime innovation:specialised shipping in Bergen,Norway,1970-1987[J]. Business History,51(5):770-786.

The Graphene Council,2016. 2016 global graphene survey report[R]. London:The Graphene Council:4.

Tidd J, Bessant J, 2013. Managing innovation: integrating technological, market and organizational change[M]. 5th ed. New Jersey: Wiley.

Tijssen R J W, 2004. Is the commercialisation of scientific research affecting the production of public knowledge?: Global trends in the output of corporate research articles[J]. Research Policy, 33(5): 709-733.

Utterback J M, 1974. Innovation in industry and the diffusion of technology[J]. Science, 183(4125): 620-626.

Utterback J M, 1975. A dynamic model of process and product innovation[J]. Omega, 3(6): 639-656.

Villani E, Rasmussen E, Grimaldi R, 2017. How intermediary organizations facilitate university-industry technology transfer: a proximity approach[J]. Technological Forecasting & Social Change, 114: 86-102.

von Tunzelmann N, Malerba F, Nightingale P, et al., 2008. Technological paradigms: past, present and future[J]. Industrial and Corporate Change, 17(3): 467-484.

Walsh S T, Boylan R L, Mcdermott C, et al., 2005. The semiconductor silicon industry roadmap: epochs driven by the dynamics between disruptive technologies and core competencies[J]. Technological Forecasting and Social Change, 72(2): 213-236.

Weber K M, Rohracher H, 2012. Legitimizing research, technology and innovation policies for transformative change: combining insights from innovation systems and multi-level perspective in a comprehensive "failures" framework[J]. Research Policy, 41(6): 1037-1047.

Wennberg K, Wiklund J, Wright M, 2011. The effectiveness of university knowledge spillovers: performance differences between university spinoffs and corporate spinoffs[J]. Research Policy, 40(8): 1128-1143.

Wikipedia, 2019. Hightech [EB/OL]. (2019-04-29) [2022-11-20]. http://en.m.wikipedia.org/wiki/High-tech.

Wright C, Sturdy A, Wylie N, 2012. Management innovation through standardization: consultants as standardizers of organizational practice[J]. Research Policy, 41(3):652-662.

Xiao Y, Tylecote A, Liu J, 2013. Why not greater catch-up by Chinese firms? The impact of IPR, corporate governance and technology intensity on late-comer strategies[J]. Research Policy, 42(3):749-764.

Xie Z, Hall J, Mccarthy I P, et al., 2015. Standardization efforts: the relationship between knowledge dimensions, search processes and innovation outcomes[J]. Technovation, 48-49(2):69-78.

Zahra S A, Nielsen A P, 2010. Sources of capabilities, integration and technology commercialization[J]. Strategic Management Journal, 23(5):377-398.

Zairi M, Youssef M A, 1995. Quality function deployment: a main pillar for successful total quality management and product development[J]. International Journal of Quality & Reliability Management, 12(6):9-23.

后 记

EPILOGUE

听闻本书即将付梓,我心潮澎湃,思绪万千。

2016年,我赴英国曼彻斯特大学交流学习。石墨烯这一神奇材料即被发现于曼彻斯特大学的实验室。在深入交流的过程中,我认识到石墨烯技术与产业的发展潜力巨大,前景广阔。同时,我也观察到中国、英国、韩国等国家的石墨烯产业正如日中天,蓬勃发展。经过多方资料搜集,并请教多位专家老师,我意识到石墨烯作为当时技术前沿的新材料,其产业迅猛发展的背后可能发育着一种非传统的新的创新模式。这一发现触发了我将此作为博士论文选题的灵感。2019年,我完成了博士论文并加入苏州大学传媒学院,研究告一段落。直到2020年导师汤书昆教授告诉我准备启动"中国国家创新生态系统与创新战略研究(第二辑)"丛书的撰写工作,我开始继续这项还未结束的工作,打磨书稿内容。2021年我在申请国家社会科学基金青年项目时,石墨烯的创新模式给了我深刻的启发,也成为我研究项目中的核心案例之一。在项目推动与出版任务的双重激励下,我重返石墨烯创新模式的研究之路。经过不懈努力,2023年6月,书稿初稿顺利完成,交付中国科学技术大学出版社。

当初选择石墨烯作为研究方向时,也曾面临质疑。毕竟石墨烯作为技术前沿的新材料,其技术与市场的不确定性让部分投资人望而却步,市面上开始出现唱衰的声音。幸运的是,政府后期相继出台了《新材料产业发展指南》《战略性新兴产业分类(2018)》《重点新材料首批次应用示范指导目录(2018版)》《重点新材料首批次应用示范指导目录(2019版)》等政策持续推动石墨烯产业的发展,从国家层面给予了明确支持。同时2018年麻省理工学院的曹原博士在《自然》上发表了关于石墨烯超导特性重大发现的论文,并入选了2018年《自然》评选的十大科学发现,这无疑为石墨烯材料的未来发展注入了一剂"强心针"。

科技创新活动已逐渐演变为现代经济发展的核心驱动力,同时也是大国间竞争的关键所在。对于科技创新而言,时间的价值日益凸显。第一,对于那些科技发展起步较晚的国家来说,新赛道和弯道超车成为这些国家与科技发展较领先的国家竞争的新契机。在这些新赛道中,由于前沿技术对各国而言在前期积累方面的差距相对较小,因此,这些领域成为科技发展后进国家实现弯道超车的重点领域。时间对于实现弯道超车来说至关重要,这些国家需要高效地利用每一分每一秒去实现追赶。第二,前沿技术领域的竞争,实质上是对市场先机的争夺,缩短创新周期能使产品更快投放市场,从而在激烈的市场竞争中占据有利地位。第三,缩短创新时间还可以降低前沿技术不确定性带来的试错成本,提高资源利用效率。

以石墨烯为例,这种前沿新材料面临科学研究、技术应用和市场化均未成熟的挑战,但由于抢占先机的战略需求,石墨烯的研发、应用和市场化必须走上一条快速发展的道路。因此,传统的线性创新模式,如Rothwell提出的"技术推动"和"需求拉动"模式,在快节奏的创新环境下其适用范围可能有所缩减。创新模式中的第三代耦合创新模式和第五代系统整合网络模式更注重创新元素间的互动连接和共同作用。只有第四代平行模式关注到提高时间效率的创新模式,着眼于创新过程中某些阶段的并行开展,这无疑对传统的线性顺序提出了挑战。但早期的平行模式略显保守,主要关注技术应用与产品销售等创新后期阶段的重叠开展,并不完全适用于石墨烯这类从科学研究阶段便未成熟的产业创新。因此,本书致力于探索在创新所有阶段推行平行化创新的可能性,以进一步缩短创新时间。本书也将这一模式称为同步创新模式。

在本书即将付梓之际，我要衷心感谢中国科学技术大学人文与社会科学学院和公共事务学院的培养。特别要感谢我的导师汤书昆教授，他在我的学术启蒙和成长过程中给予了极多的指导和帮助。本书的出版离不开汤老师的大力支持，这也是对我研究工作的鼓励和鞭策。同时，我也要感谢清华大学的李正风教授。李老师对我的学术成长影响深远，也对本书内容提出了诸多宝贵意见。得知丛书项目要申报国家出版基金，李老师在百忙之中给予了巨大支持，我对此深表感激。此外，我还要感谢徐飞教授、周荣庭教授、褚建勋教授、樊春良教授、黄志斌教授、冯锋教授、黄鹏强教授曾经对本书的关心和指导，以及王冠中教授、朱彦武教授、王奉超教授对书中涉及的石墨烯相关技术方面的指导。上海市石墨烯产业技术功能型平台为案例研究提供了重要信息，在此表示感谢。书中引用的许多学者的著作，为本书观点的形成提供了颇有价值的启发，一并向作者表示衷心的感谢。

感谢苏州大学传媒学院对我工作的鼎力支持。从我加入苏州大学传媒学院以来，我的研究还是以科技传播跨学科研究为主。感谢陈龙院长、王国燕教授、贾鹤鹏教授等老师为我进行跨学科研究提供的广阔空间和支持，为我顺利完成书稿提供了保障。

最后，我要深深感谢我的家人。感谢一直默默支持我的父母，感谢在生活和学术上给予我巨大帮助的丈夫毛天，以及我即将出生的宝宝。你们的陪伴是我前行的最大动力。

衷心希望社会各界的专家学者能对本书提出宝贵的批评和建议。

程　曦

2024 年 2 月 23 日